JN310951

静岡の棚田研究
その恵みと営み
静岡県農林技術研究所 編

【口絵1 棚田で多く見られる生物の例（本文12ページ）】

ヘイケボタル

シュレーゲルアオガエル

ニホンイモリ

タイコウチ

イトトンボの仲間

赤とんぼ（ヒメアカネ）

【口絵2　被写体としての棚田の魅力（本文58ページ）】

棚田薄化粧
うっすらと雪化粧をした棚田は、なんとも風情がある。広角的に切り撮った

田植え風景
高い場所より朝の田植え前を広角的に撮る

中段位置より子どもたちを中心に撮る

下段より上段を見上げた棚田の田植え光景

夕暮れの棚田
夕照の頃、畔道で遊ぶ子どもたちを添景に撮影

彼岸花の咲く頃
学校帰りの少女と棚田の実りの秋を表現した

総出の稲刈り
収穫期を迎えた棚田。一家総出の稲刈りの光景はどこか懐かしい

造形的ハザ掛けが美しい秋の棚田の光景

【口絵3　棚田メモリー】

昭和40年頃（上倉沢棚田保全推進委員会提供）

1992年4月

1995年10月

『清久敬子写真集　西伊豆・石部—棚田のうた』
（PHOTO-CITY BOOKS・2001年）より

【口絵4　棚田のお米、棚田のお酒】

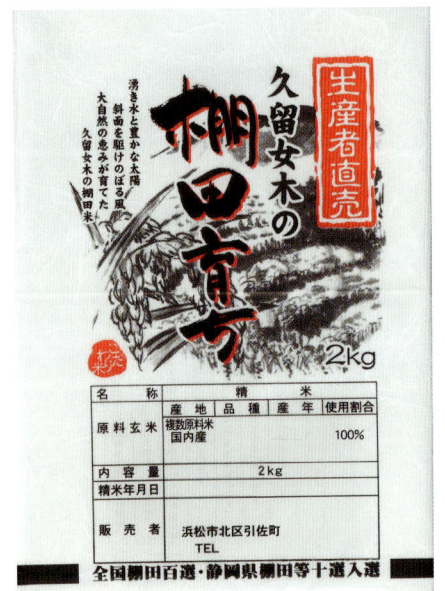

久留女木の棚田のお米「棚田育ち」
（本文 192 ページ）

石部の棚田の黒米で作った黒米焼酎
（本文 141 ページ）

発刊に添えて

　静岡県では、県民生活にかかわる重要な課題について、専任チームを設け解決に取り組むプロジェクト研究を実施しています。プロジェクト研究では、静岡県に暮らす人はもちろん、訪れる人にとっても快適で魅力的な空間を創生するため、「農山漁村空間の保全・復元と森林の多面的機能の解明と活用対策」を重要方針の一つにしています。

　静岡県農林技術研究所では、この方針に沿って、平成19年度から「多面的機能を向上させた環境復元型水田の戦略的創生に関する研究」をスタートさせました。農業生産とは切り口の違う多面的機能の研究は、当研究所としても新しい分野への挑戦であり、公的研究機関としては全国的にも先進的な取り組みとなっています。

　棚田は、生産性が低い一方で、水源の涵養や、地すべりの防止、生物多様性の維持などの機能を持つことが知られています。全国的には平成10年に、棚田を保全するための基金が設立され、さまざまな施策が実施されています。また、静岡県では、静岡県棚田等十選の指定や、しずおか棚田・里地くらぶの設立、一社一村しずおか運動の推進など、さまざまな取り組みが、民間と行政の協働で進められています。

　当研究所のプロジェクト研究では、棚田の生態系保全機能、水質浄化機能、景観保全機能を科学的に解明し、棚田の新たな価値を明らかにしてきました。この本を通じ、広く県民の皆様方に知っていただき、静岡県の棚田への理解を深めていただく一助となれば幸いです。

　結びに、共同研究機関としてプロジェクト研究に参画いただきました皆様と、本書の執筆をいただきました皆様に、心からお礼を申し上げ、発刊にあたってのご挨拶といたします。

静岡県農林技術研究所長　谷 正広

はじめに　棚田への招待

「静岡の棚田」という言葉から、皆さんはどのようなイメージを持たれるだろうか。山間地に広がる美しい棚田の風景を思い浮かべる方もいるだろう。「ああ、あそこの棚田のことか」、とよく知られた棚田のことを思い出す方もいるかもしれない。あるいは、「静岡県に棚田があるの？」と感じられる方もいることだろう。

あまり知られていないが、じつは静岡県内には数多くの棚田が点在している。それどころか、1999年に農水省が認定した「日本の棚田百選」では、認定された134地区のうち、じつに5地区もの棚田が静岡県から選ばれているのである。また、同じ年に静岡県では独自に「静岡県棚田等十選」を選定し、さらに、その候補として保全すべき棚田として62地区もの棚田を選出している。静岡県には知られざる棚田がたくさんあるのである。

しかも、静岡県の棚田は、けっして秘境にあるわけではない。日本の棚田百選や静岡県棚田等十選に選ばれたような景勝地の棚田でさえ、どれもこれも都市部から1～2時間足らずで訪ねることができる身近な場所ばかりである。豊かな自然や美しい風景を創り出し、訪れる私たちの心を和ませてくれる棚田は、まさに静岡県の財産であるといっていいだろう。

しかし、農業技術が発達し、農業が近代化を遂げる中で、山あいに拓かれた棚田は、ともすると置き忘れられがちな存在だったことも事実である。小さな田んぼが連なる棚田は、たくさんの生産量が期待できるわけではない。また、大型の機械も入らないので、農作業も大変で効率が悪い。生産性の点からすれば、棚田は明らかに「条件不利地域」であり、価値の低い場所なのである。

それでは、この古ぼけた小さな棚田には、まったく価値がないのだろうか？　これが、本書の重要なテーマである。

近年では、農業・農村には農産物を生産するだけでなく、国土を保全したり、自然環境を保全するなど、さまざまな役割があることが指摘さ

れている。これらの役割は「多面的機能（multifunctionality）」と言われている。この多面的機能を正しく評価し、農業・農村の役割を維持していく考え方がヨーロッパを中心に世界中に広がってきている。

　物の豊かさから心の豊かさが求められる現代では、棚田の価値もまた見直されつつある。昔ながらの美しい棚田は、日本のふるさとの原風景として取り上げられ、棚田を保全したり、復元したりする活動も各地で盛んに行われている。

　しかしながら、棚田の評価は情感の部分が先行し、学術的な評価が十分に行われていない一面もある。そこで、静岡県農林技術研究所では平成19年度からプロジェクト研究を設定し、さまざまな分野で活躍される研究者の方々と連携を図りながら、水田や休耕田の持つ多面的評価の科学的な解析に取り組んできた。その結果明らかとなったのは、生産性が低いとされる棚田は、生産性以外の「ものさし」では、極めて価値ある重要な場所である、と評価されるということであった。いったい、棚田はどのような価値をもって評価されるのか。本書ではその研究成果を、できるだけわかりやすく紹介したい。

　また、本書では単に研究成果を紹介するだけでなく、実際に棚田の保全にかかわる方々にも寄稿いただいた。科学的なデータでは計り知ることのできない、棚田への思いや棚田の魅力をぜひ感じていただければと思う。

　本書にご執筆いただいた方々にお礼申し上げたい。また特に、しずおか棚田・里地くらぶ会長として県内の棚田の保全にご尽力いただいている富士常葉大学教授の杉山惠一先生と、棚田の復元に取り組まれている静岡大学名誉教授の中井弘和先生には特別寄稿をいただいた。この場を借りて深謝申し上げたい。最後に、本書の出版でお世話になった静岡新聞社編集局出版部の方々にお礼申し上げる。

静岡県農林技術研究所　環境水田プロジェクト

もくじ

発刊に添えて……………………………………………………………… 1
はじめに　棚田への招待………………………………………………… 2

第Ⅰ章　棚田の恵みを科学する……………………………… 9

棚田の生き物………………………………………………………… 11
1. 生き物にとって棚田とは何か？……………………………… 12
   稲垣栄洋・松野和夫（静岡県農林技術研究所）
2. 棚田の土に眠る多様な種子…………………………………… 20
   下田路子（富士常葉大学環境防災学部）
3. 棚田と平坦地水田のクモ……………………………………… 27
   松野和夫・稲垣栄洋（静岡県農林技術研究所）

棚田の水環境………………………………………………………… 33
4. 棚田の持つ水質浄化能力……………………………………… 34
   高橋智紀（静岡県農林技術研究所）
5. なぜ雑草が少ない？！　倉沢の棚田のミステリー
   ―田んぼのヒエを抑える棚田の伝統的冬期湛水技術―………… 45
   稲垣栄洋（静岡県農林技術研究所）

棚田の風景…………………………………………………………… 51
6. 静岡県の棚田景観……………………………………………… 52
   大石智広（静岡県農林技術研究所）
7. 棚田の風景に誘われて　―被写体としての棚田の魅力―…… 58
   鈴木美喜夫（二科会写真部静岡支部）
8. 農村景観の魅力をとらえる…………………………………… 62
   大石智広・稲垣栄洋（静岡県農林技術研究所）

9. 人は棚田景観の何をどのように評価しているのか……………… 67
　　栗田英治（(独)農研機構　農村工学研究所）
10. 棚田の音の風景……………………………………………………… 74
　　山本徳司（(独)農研機構　農村工学研究所）

棚田の文化……………………………………………………………………… 79
11. 南方系稲作文化圏から見た日本の棚田
　　―棚田の立地条件を考える― ………………………………………… 80
　　大村和男（元静岡市立登呂博物館学芸員）
12. 倉沢の棚田をめぐる歴史と伝説 ……………………………………… 88
　　中村羊一郎（静岡産業大学）
13. 棚田の生産暦と米作りの技術　―菊川市上倉沢　千框―………… 102
　　外立ますみ（静岡産業大学非常勤講師・トーリ工房代表）
14. 里山の文化遺産　―田畑地区の棚田跡………………………………… 114
　　小野寺秀和（竜ヶ岩洞支配人）
15. 遊びの場・学びの場としての棚田 …………………………………… 121
　　稲垣栄洋・大石智広（静岡県農林技術研究所）

棚田の未来に向けて…………………………………………………………… 133
16. 棚田への旅（棚田ツーリズムの可能性を探る）……………………… 134
　　大石智広（静岡県農林技術研究所）
17. 棚田米で酒造り ………………………………………………………… 141
　　清　信一（富士錦酒造株式会社　代表取締役）
18. 棚田のマーケティング　～県大生への調査結果からの示唆～…… 146
　　静岡県立大学経営情報学部　岩崎ゼミナール

＜コラム＞
研究こぼれ話　棚田の畦………………………………………………………… 49
研究こぼれ話　「田毎の月」を考える………………………………………… 77
研究こぼれ話　棚田の米はなぜおいしいか…………………………………… 130

第Ⅱ章　棚田の営みに学ぶ ……………………………………… 155

静岡県の棚田……………………………………………………………… 157
　1．天空の棚田（浜松市「大栗安の棚田」）………………………… 158
　2．小僧が手伝った棚田（浜松市「久留女木の棚田」）…………… 160
　3．冬水の棚田（菊川市「倉沢の棚田」）…………………………… 162
　4．海の見える棚田（松崎町「石部の棚田」）……………………… 164
　5．城壁の棚田（沼津市「北山の棚田」）…………………………… 166
　6．富士山が見える棚田（芝川町「柚野」の棚田群）……………… 168
　7．文学の里の棚田（伊豆市天城湯ヶ島「荒原の棚田」）………… 170
　8．焼畑の里の棚田（静岡市「清沢の棚田」）……………………… 172
　9．東京の小学生も静岡で棚田を体験（伊豆市「菅引の棚田」）…… 174

棚田への思い……………………………………………………………… 177
　特別寄稿　　棚田について………………………………………… 178
　　　杉山惠一（富士常葉大学教授・しずおか棚田・里地くらぶ会長）
　特別寄稿　　小さな棚田、清沢塾から……………………………… 184
　　　中井弘和（静岡大学名誉教授・清沢塾代表）
　地域の挑戦1　棚田のお米づくり…………………………………… 192
　　　入谷重徳（久留女木棚田の会代表）
　地域の挑戦2　倉沢の棚田「千框」………………………………… 197
　　　山本 哲（上倉沢棚田保全推進委員会代表）
　地域の挑戦3　日本の棚田百選に思う……………………………… 199
　　　浅田藤二（伊豆市湯ヶ島長野）
　地域の挑戦4　地域遺産・棚田の復元に挑む……………………… 201
　　　小野寺秀和（竜ヶ岩洞支配人）
　研究室から1　農業に恵みをもたらす棚田の生きもの
　　　　　　　　　―その研究と魅力…………………………………… 206
　　　静岡大学農学部　生態学研究室

研究室から2　棚田の恵み　棚田への思い……………………………… 209
　　富士常葉大学環境防災学部　下田研究室
研究室から3　倉沢の棚田の四季…………………………………………… 213
　　静岡産業大学情報学部　中村ゼミ
研究室から4　棚田保全ボランティア体験・生き物たちと
　　　　　　　里山景観の再生……………………………………………… 219
　　東海大学海洋学部　水棲環境研究会
静岡県の棚田保全に関する取り組み………………………………………… 227
　　平井　梢（静岡県建設部　農地計画室）
「静岡棚田サミット」………………………………………………………… 232

付録1　しずおか棚田・里地くらぶチラシ………………………………… 236
付録2　一社一村しずおか運動チラシ……………………………………… 238
付録3　君もタナダーになろう……………………………………………… 239

第Ⅰ章
棚田の恵みを科学する

棚田の生き物

1. 生き物にとって棚田とは何か？

稲垣栄洋・松野和夫（静岡県農林技術研究所）

どうして農村には生き物が多いのか

　美しいふるさとの原風景を思い浮かべたときに、そこにはどのような生き物の姿があるだろうか。メダカやドジョウ、フナなどだろうか。あるいはホタルや赤とんぼだろうか。カエルの鳴き声であろうか。

　じつは、ここに挙げた生き物はすべて農村環境をすみかとしている生き物である。農村は人間が住むために作られた場所であり、田んぼは米を生産するために作られた場所である。このように、人工的な場所でありながら農村には多くの生き物がいることが指摘されている（自然環境復元協会2000）。これはどのような理由によるものなのだろうか。棚田を考える前に、生き物にとっての農村の役割から考えてみたい。

　農村に生き物が多いことを説明する理論の１つが、中程度撹乱仮説（Connel 1978）である。自然に対する撹乱が強い場合、自然破壊によって生存できる生物の種類は減少する（図1-1）。それでは、撹乱が小さい環境ではどうなるだろうか。じつは、撹乱が小さい場合にも、生物の種類は減少するのである。その理由はこうである。撹乱がない安定した環境では、生物どうしの生存競争が大きくなる。そのため、生存競争に強い生物だけが生き残り、結果として生物種は少なくなるのである。一方、適度な撹乱がある場合には、強い生物のみが優占することができないため、競争力の弱い生物種が生存できるチャンスが多くなる。このため適度な撹乱がある場合に生物の種類は多くなるというのが、中程度撹乱仮

説である。この仮説において撹乱を人間の働きかけと考えると、里山や水田など農村生態系で生き物が多いことが理解しやすい（井出 1996；宇田川 2000；鷲谷 1996）。すなわち、土を耕したり、草を刈る作業は、環境破壊ほどではない適度な撹乱に相当すると考えられるのである。

　農村生態系の中でも、特に水田は多くの生物種のすみかとなっていることが指摘されている。

　田植え前後の水田は、水位が保たれ、安定した水辺環境となっている。また、土壌の養分も豊富なため、餌となる微生物も多い。そのため、特にカエルや魚、水生昆虫など多くの生物が産卵場所や採餌場所として水田を利用している。よく「田んぼはゆりかごである」と比喩されるのはこのためである。

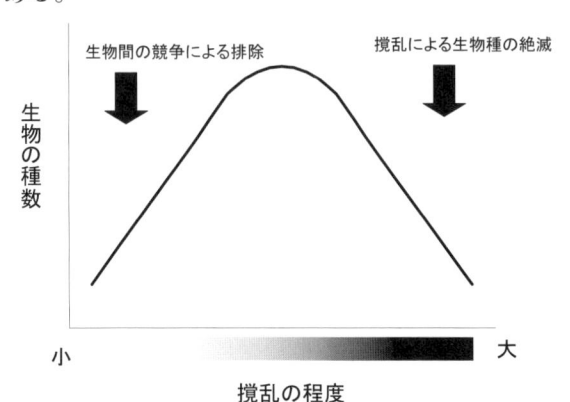

図1-1　適度な撹乱で生物の種類は増える（Connel, 1978 より作図）

棚田環境の特徴

　このように、水田は多くの生物種の生息地となっているが、さらに棚田では多くの生物種を見ることができる。これには棚田特有の環境が影響している。

　ニホンアカガエルやシュレーゲルアオガエルは棚田でよく見られるカエルである。これらのカエルは田植え前に産卵をするカエルである（守山 1997）。田植え前の水田には水がないのが一般的であるため、乾燥した水田ではこれらのカエルは産卵をすることができない。しかし、山か

らの浸み出し水を利用する棚田ではいくらかの水が入り、水たまりができる。稲作を行う上では前近代的なこの環境が、水を必要とする生物にとっては適した環境を創り出しているのである。

　また棚田は、灌漑期においても田んぼから田んぼへと順番に水を通すために、細かな水管理ができない。このことは効率的な稲作を行う上では不利な条件であるが、生物を保全する点では有効である。水田は夏季に水を落とす中干しを行うが、近年では灌漑設備が発達し、極めて強い乾燥状態になるため、多くの水生生物が乾燥のダメージを受けて死滅してしまう。これに対して棚田は、湿潤状態に保たれるため、ヤゴやオタマジャクシ、水草類の生存を可能にしているのである。

　一方、多くの生き物は水田のみで生活史を完結しておらず、周辺の環境と行き来している。棚田は、水田のみが広がっていることはなく、周辺に里山や草原、ため池など多くの環境と隣接している。たとえば水生昆虫については、ミズカマキリは水田で繁殖をした後、夏季はため池で過ごすことが知られているし（日比1998）、タガメは夏を水田で過ごした後、里山で冬越しをすることが知られている（日鷹1998）。実際に棚田の調査においても、前述のニホンアカガエルやシュレーゲルアオガエルは夏場には棚田周辺の草地で多く観察され、秋には森林で観察されている（稲垣, 未発表）。

　また、棚田は畦の面積が多く水辺と陸地の環境を併せ持つことも生物の種類を増やしている。畦畔面積が多い棚田ではコオロギやオサムシ、コモリグモなど草原性の生物種が多く観察される。また、棚田ではヘイケボタルがよく観察されるが、ヘイケボタルは幼虫時代を水中で過ごすものの、さなぎになるためには陸地を必要としている。このように水陸系の生物種にとっては畦が近くにある水辺環境が極めて適しているのである。また、田から田への水の流れが畦に浸透しており（高橋, 未発表）、畦が乾きにくいことも、生物の生存に適した環境を作っている。

　近年、ヨーロッパでは農地周辺に草地を残し、生物のすみかや通り道として保全する「緑の回廊」の整備計画が進んでいる（Ernst 2004）。しかし、どうだろう。棚田に張り巡らされた畦畔は、まさに「緑の回廊」

そのものと言っていいのではないだろうか。

　このように、周辺環境も含めて多様な環境が複雑に存在していることが、棚田の生物種を増やす要因となっている。さらに棚田は、大型の機械が入らず耕起作業を小型の作業機や手作業で行うために撹乱程度が小さいことや、体験学習や自家消費用米栽培を目的とし、無農薬や減農薬で栽培されることが多いことも、生物多様性を高める大きな一因となっていると考えられる。

生き物カレンダーで見る棚田の自然

　それでは、主に調査を行った菊川市倉沢の「千框の棚田」を例に、四季にそって棚田の生物を紹介してみることにしよう（口絵1参照）。

　2月、まだ春の足音の遠いこの季節から、生き物たちの営みは始まる。冬季も山からの浸み出し水によって湿った土壌が保たれることの多い棚田であるが、千框の棚田では伝統的に2月に水が入れられる（162ページ参照）。まだ他の生き物たちは深い眠りについている寒い夜、棚田のあちこちから「クックックッ、キョキョキョ」と鳴く声が聞こえる。声の主はニホンアカガエルである。ニホンアカガエルは北方起源のカエルと考えられており、寒さに強く冬の間に産卵をするのである。時には田んぼに張った氷の下に卵塊が見られることもある。

　ニホンアカガエルが早い時期に産卵をするのには理由がある。水田で生物に大きなダメージを与える撹乱は耕起と田植えである。そこで、ニホンアカガエルは田植えが行われるまでにカエルになって上陸するように生活史を発達させてきたのである（守山1997）。ニホンアカガエルは静岡県では絶滅危惧種に指定されている貴重な種である（静岡県2004）。ほ場整備が進み、冬の水田が乾燥したことと、田植えが早まったこと等がニホンアカガエル減少の原因であると推察される。

　乾いた田んぼの中には春の七草のロゼットが葉を広げている。セリやナズナ、ハハコグサ、ハコベ、コオニタビラコの春の七草は、じつは田んぼに生える雑草なのである。春の七草だけではない。春が近づいていると、畦にはヨモギやヨメナ、ツクシなど食べられる野草が顔を出す。

昔の人は暖かくなると田んぼに出かけて若菜を摘んだ。早春の田んぼは「Edible landscape（食べられる風景）」でもあるのである。
　早春になって、棚田を暖かな春の日差しが包むようになると、畦道には、スミレやタンポポ、オオジシバリなどの草花が一斉に花を咲かせる。畦は草刈りが頻繁に行われ、撹乱の場所である。そのため、前述の中程度撹乱仮説で説明されるとおり、背の高い植物が繁茂することなく、たくさんの種類の小さな野の草花が花を咲かせることができるのである。
　4月になると棚田はシュレーゲルアオガエルの大合唱に包まれる。シュレーゲルアオガエルは主に雑木林で暮らすカエルだが、産卵のために田んぼにやってくるのである。ゲロゲロとうるさいアマガエルと異なり、シュレーゲルアオガエルの鳴き声は、コロロコロロと耳に心地よい。
　暖かな泥をすくうと、ドジョウも姿を現す。段差のある棚田に住むことができる魚の種類は少ない。しかし、ドジョウは遡上能力が高いので、棚田の水の流れをさかのぼって、棚田の上の方にまで上ってくるのである。ドジョウも本来は水路をすみかとしているが、プランクトンなどの餌が豊富で稚魚が育ちやすい田んぼで産卵するのである。よく見ると、田んぼの中には小さなミジンコがいっぱい動き回っているのがわかる。
　また、田んぼの泥の中からイトミミズが顔を出して、忙しそうに体を揺らしている。分解者と位置づけられるこれらの土壌生物は有機物を分解して、水や土の中の栄養分を豊かにする働きがあるのである。
　田植えのころには、イモリが目立つようになる。子どもたちが田植えをしていくと、イモリが田んぼの隅に追い込まれて集まっている。
　イモリも田んぼで産卵をする生き物である。イモリのオタマジャクシは小さくて、リボンをつけたようにエラがひらひらとしている。何ともかわいらしいオタマジャクシだ。たくさんのオタマジャクシを餌にするために、棚田にはアオサギが飛んでくる。豊富な微生物がオタマジャクシを育て、豊富なオタマジャクシがサギを育てる。棚田には、豊かな食物連鎖が成立しているのである。
　初夏の棚田をのぞいてみると、ヒメゲンゴロウなどのゲンゴロウの仲間やマツモムシなどの水生昆虫の姿をよく見かけるようになる。昔は、

タイコウチもたくさんいたというが、残念ながらここ数年の間にすっかり姿を消してしまったという。タイコウチは水田と周辺環境とを行き来する生活史を送っている。おそらくは、周辺環境のわずかな変化がタイコウチの生存を許さないものにしているのである。
　田んぼの中には、春に孵化した赤とんぼ類のヤゴもたくさんいる。秋の夕焼け空を彩る赤とんぼは、多くが田んぼで育っているのである。おなかに卵の袋を抱きながら歩くのは、コモリグモである。その名のとおり子守りをすることで知られるこのクモは、卵から稚グモがかえった後は、背中に稚グモを乗せて歩く。コモリグモはウンカなどの害虫を食べてくれる重要な天敵である。
　子どもたちは田植えや稲刈りの季節に棚田を訪れるが、網を持ってくるならば、夏の棚田が一番いい。田んぼの中には、いろいろな水生昆虫が泳ぎ回っているし、畦を歩けば、バッタが飛び跳ねる。赤とんぼや糸トンボ、ヤンマの仲間も見える。悠々と棚田の上を旋回しているのは、オニヤンマだ。
　植物はどうだろうか。田んぼの中の植物というと困り者の雑草のイメージがあるが、雑草として問題になる植物の種類は意外に少ない。それどころか、田んぼの植物の中には絶滅が心配されている植物も少なくないのだ。千框の棚田には、イチョウウキゴケやヤナギスブタ、シャジクモ、イトトリゲモ、ミズハコベなどの貴重な植物が観察される。これらの植物は、昔はどこの田んぼでも見られた普通の植物だったが、除草剤や田んぼを乾燥させる中干しの影響で、他の田んぼではめっきり見られなくなってしまった。
　夏の棚田は、夜もいい。満天の夏の夜空の下を歩いていくと、どこからかツチガエルの鳴き声が聞こえる。北方起源のアカガエルが田植え前に繁殖するのに対して、ツチガエルは田植え後に繁殖をする。ツチガエルは南方起源なので暑さに強く、水温の高い田んぼの中でオタマジャクシが育つことができるのである。ただし、ツチガエルやトノサマガエルなども、現在では環境の変化によって急激に減少しているカエルである。
　イネの葉を見ると、コモリグモが上ってきている。昼間はイネの株元

にいるコモリグモは、夜になるとイネに上って害虫をハンティングするのである。イネの葉には羽化のために上ってきたヤゴの姿も見える。田んぼの命が輝きを放つ幻想的な瞬間である。

ホタルというとカワニナを餌にするゲンジボタルが有名だが、田んぼにはタニシを餌にして育つヘイケボタルが光を放っている。昔は、ヘイケボタルの光に包まれて、棚田が浮き上がるように見えたという。もうそんな風景は二度と見られないのだろうか。

このように棚田では、多くの命が育まれている。そして、たくさんの命の営みとともに、棚田のイネは育っていくのである。

畦に彼岸花の赤い花が咲くようになると、稲穂が黄色く色づいて垂れ始める。もう稲刈りも近い。田んぼで育った赤とんぼたちが、棚田の空を飛ぶ頃、稲刈り体験にやってくる大勢の子どもたちの歓声とともに、命あふれる棚田は実りの秋を迎えることだろう。

〈引用文献〉

Boller, E. F., F. Hani and H-M Poehling. 2004. Ecological infrastructures : Ideabook on functional biodiversity at the farm level. Temperate zones of Europe. Swiss Centre for Agricultural Extension and Rural Development（LBL）.

Connel, J. H. 1978. Diversity in tropical rain forests and coral reefs. Science 199：1302-1309

日比伸子・山本知巳・遊磨正秀. 1998. 水田周辺の人為水系における水生昆虫の生活. 江崎保男、田中哲夫編. 水辺環境の保全 ―生物群集の視点から―. 朝倉書店：111-124

日鷹一雅. 1998. 水田における生物多様性とその修復. 江崎保男、田中哲夫編. 水辺環境の保全 ―生物群集の視点から―. 朝倉書店：125-151.

井出任. 1996. 農村生態系の捉え方 生物の生息・生育環境の確保による生物多様性の保全及び活用方策調査委託事業報告書：1-2

守山弘. 1997. 水田を守るとはどういうことか 生物相の視点から. 農

山漁村文化協会.
自然環境復元協会編. 2000. 農村ビオトープ. 信山社サイテック.
静岡県. 2004. まもりたい静岡県の野生生物　動物編. 羽衣出版
宇田川武俊. 2000. 生物多様性がもたらしたものとその意義. 宇田川武俊編. 農山漁村と生物多様性. 家の光協会：18-32
鷲谷いづみ・矢原徹一. 1996. 保全性定額入門. 文一総合出版.

2. 棚田の土に眠る多様な種子

下田路子（富士常葉大学環境防災学部）

水田の雑草

　水田はイネを栽培する場であり、昔も今も日本の農村の中心的な存在である。水田では田植え前から稲刈りまでの間に、水管理、田起こし、代かき、田植え、施肥、除草、防除などの作業が毎年繰り返して行われる。水田はたとえ乾田であっても、少なくともイネの生育期間中は湿地である。このように、水田は人の影響を受け続けることで維持されている、独特な環境の湿地といえる。

　農家にとっては水田にイネだけが生育して欲しいところであるが、イネの他にもたくさんの雑草が生育するため、イネの生育期間中に草取りが必要だった。第二次世界大戦後に除草剤が普及し、農家は炎天下に水田の雑草を抜く重労働から解放された。

　ところが、かつては水田の害草とされていた種が各地で姿を消したため、絶滅危惧種に指定されるものがでてきた。たとえばシダ植物のサンショウモ・デンジソウ・オオアカウキクサ、種子植物のミズマツバ・スブタ・ミズアオイなどである（笠原 1951；下田 2003）。このような絶滅危惧種となった雑草は、水中や湿った土の上に生育する水生・湿生植物である。これらの植物が減少した原因の一つは除草剤であろうが、生育に適した湿田や湛水田が、耕作放棄やほ場整備で姿を消したことも大きな要因と考えられる。

土の中で眠る雑草の種子

　水田から姿を消した雑草は、この世から完全に姿を消してしまったのだろうか。雑草とはそんなに弱いものだろうか。

　筆者は福井県敦賀市にある「中池見」とよばれる湿田地帯で、生物の調査と保全対策にかかわったことがある。除草剤を使わず手取り除草をした水田、耕作放棄直後の水田、繁茂していたヨシやスゲ類を除去してすき起こした放棄水田にたくさんの雑草が生育を始めた。その中にはサンショウモ・デンジソウ・オオアカウキクサ・ヤナギヌカボ・ヒメビシ・イトトリゲモ・ミズアオイなどの絶滅危惧種もあった（下田 2003、下田・中本 2003）。土の中にたくさんの雑草の種子があり、除草剤の使用がなくなったり、大型の植物が取り除かれたことで、雑草が再び芽生えたためと思われる。中池見の放棄水田の土を材料とした発芽実験でも、絶滅危惧種を含む多様な水田雑草の発生が確認されている（中本ほか 2000）。

　これらのことから、水田や放棄水田の土の中に、現在は生育していない植物の種子が、発芽の機会を待って休眠している可能性があることがわかる。このように土の中で眠っている種子は「埋土種子」、それらをまとめたものは「埋土種子集団」とよばれている。

調査地の棚田

　静岡県農林技術研究所の稲垣栄洋博士と筆者は、静岡県の棚田の埋土種子を調査するための発芽実験を計画し、「静岡県棚田等十選」に選定されている久留女木、大栗安、倉沢、石部の4カ所を調査地に選んだ（図2-1）。このうち、県西部にある久留女木と大栗安の棚田は、「日本の棚田百選」にも選定されている。

　実験材料の土を取る水田として、水生・湿生の雑草の種子が残っていることを期待し、各棚田地帯の中央付近にある湿田を地元の農家の助言を受けながら選ぶことにした。

　久留女木（浜松市北区引佐町西久留女木）の棚田は平均標高が248mで、西久留女木と東久留女木に分かれている。調査地は西久留女木の棚

田斜面上部にある湿田にした（図2-2）。調査地一帯の水田は石垣で築かれ、棚田の周囲は山林である。山際の水田は耕作放棄されている。

大栗安（浜松市天竜区大栗安）の棚田は平均標高が425mで、4カ所の棚田のうちでは一番高いところにある。調査地は大栗安本村の棚田斜面の中ほどにある水田とした（図2-3）。棚田は石垣で築かれているが、道路に面した部分はコンクリートに代わっている。棚田の周囲にはヒノキの植林や茶畑がある、静かな農村地帯である。

図2-1 調査地とした棚田の位置

倉沢（菊川市上倉沢）の棚田は平均標高が94mで、4カ所の棚田では一番低い。茶畑が広がる牧之原台地を下ると、斜面に小さな棚田が並んでいる。石垣はなく全てが土である。調査地は棚田斜面の中ほどにある湿田とした（図2-4）。棚田の周囲には茶畑や集落がある。かつての耕作田の多くが放棄され、ヨシ、ススキ、潅木が繁茂する放棄水田が斜面の広い面積を占めている。

石部（賀茂郡松崎町石部）の棚田は平均標高が150mで、伊豆半島南西部の駿河湾に面した急斜面にある。石積みの棚田で、大きな岩がそのまま石垣の一部として使われていたり、岩が水田の中に島のようにのぞいているところもある。農道は石畳で、上下の棚田を移動するための石の階段もある。調査地は棚田斜面の中ほどにある湿田とした（図2-5）。棚田の周囲には樹林があり、斜面上部の水田は耕作放棄されている。

たくさんの棚田の中からわずかに4カ所を選んだだけであるが、それでも静岡県の棚田がどれほど多様であるかを読者に理解していただけるのではないかと思う。

図 2-2　西久留女木の棚田
　　　（浜松市北区引佐町）

図 2-3　大栗安の棚田
　　　（浜松市天竜区大栗安）

図 2-4　倉沢の棚田
　　　（菊川市上倉沢）

図 2-5　石部の棚田
　　　（松崎町石部）

発芽実験

　発芽実験は、各地の棚田にどのような埋土種子集団があるのかを明らかにすることを目的に行った。同じ場所の埋土種子であっても水分条件が変わると発芽する種が異なることが、上記の中池見の発芽実験で報告されているので（中本ほか2000）、今回の実験でそれを確認することも目的とした。

　棚田の土は2月下旬から3月はじめに採取し（図2-6）、磐田市の農林技術研究所に持ち帰った。水分条件を「湿」（土が湿っている状態）、「水位0cm」、「水位5cm」の3段階に調節するポットを各棚田で3セット設定した（図2-7）。つまり、4カ所の棚田でそれぞれ9ポット、計36ポットが準備された。これらのポットは、飛来種子が入るのを防ぐため、白

第Ⅰ章　棚田の恵みを科学する　23

い寒冷紗で覆いをした。さらに、飛来種子の発芽の有無を検証するため、寒冷紗なしのポットを各地点1セット、計12ポット用意した。

　3月下旬から10月にかけて毎月、合計48個のポットに発生する植物の種類と数を記録し、また同定（種の判別）が可能な種は抜き取ってその数も記録した。ポットの発芽種と現地の植物とを比較するため、土を採取した棚田と畦や土手などの水田周辺に生育する植物の調査も行った。

図2-6　サンプリング風景（西久留女木）　　図2-7　発芽実験の様子

発芽した植物

　ポットを設定して1カ月足らずの3月下旬の調査で、もうたくさんの植物が芽生えていた。大栗安のポットでは、400本以上の双子葉植物の芽生えを確認したものもあった。またノミノフスマやタネツケバナなど、同定可能な春の雑草もあり、早速抜き取りを行った。4月・5月にはたくさんの春植物が発生した。特に数が多かったのは、大栗安のムシクサだった。夏に向かう頃には春植物の発生は減り、アゼナ、オモダカ、コナギなどの夏の雑草が増えてきた。また秋に開花・結実するカヤツリグサ科の植物も発芽して大きくなっていった（図2-8）。9月にはアゼガヤツリをはじめとするカヤツリグサ科の植物の花や実がついて、同定可能になった。また、翌春に繁茂する春植物の芽生えが見られるようになった。10月には夏に繁茂した植物に代わり、春植物の芽生えがさらに増加した。

　発生種にはいろいろなパターンがあった。コウガイゼキショウ、タネ

ツケバナ、ノミノフスマなどはどの調査地にも発生し、またどの水分条件でも発生し、生育環境が幅広い種であった。一方では、大栗安のヤナギタデや石部のヒエガエリのように、1カ所の棚田だけで確認された種もあった。土を採取した水田では生育が確認できなかったが、ポットからは発生した種もあった。

水位に対しては、イヌホオズキやメヒシバなどの「湿」のポットだけに発生した種から、イトトリゲモのように「水位5cm」のポットだけから発生した種まで、様々な種が様々な発生パターンを示した。同じ場所から採取した土でも、設定した水位により、ポットに生育する種の構成は大きく異なっていた（図2-8）。

発生種の中には絶滅危惧種もあった。藻類のシャジクモ（4カ所全て）、コケ植物のイチョウウキゴケ（倉沢）、種子植物のイトトリゲモ（西久留女木、大栗安、倉沢）である。

ポットから動物も発生した。3月からミジンコが発生し、4月からはトンボのヤゴも姿を現した。トンボの専門家の加須屋真氏にヤゴの抜け殻を見ていただいたところ、アキアカネとマユタテアカネのヤゴであった。

図2-8　水位の異なるポットの発生種のちがい（8月の大栗安のポット）

おわりに

ここに紹介したのは発芽実験の概要であるが、棚田の土の中にはたく

さんの雑草の種子が発芽の機会を待っていること、発生する種類はその時の環境、特に水分条件に応じて発芽していること、土の中には地上に現れていない植物の種子も存在することなどは紹介できたのではないかと思う。土の中には絶滅危惧種の種子や胞子もあり、適した条件が整えば、これらの種が再び生育を始めることも確認できた。

　各棚田で土の採取を許可していただき、また現地調査のたびに棚田や動植物についてたくさんの情報を提供いただいた地元の方々、ポット調査と棚田の現地調査を共に行ってきた富士常葉大学環境防災学部の学生諸君に厚くお礼申し上げる。本研究は静岡県農林技術研究所の稲垣栄洋博士との共同研究として行ったものである。様々な便宜を図っていただいた、農林技術研究所の関係者の方々にも厚くお礼申し上げたい。

〈引用文献〉

笠原安夫．1951．本邦雑草の種類及地理的分布に関する研究第4報．農学研究　39：143-154．

中本学・名取祥三・水澤智・森本幸裕．2000．耕作放棄水田の埋土種子集団－敦賀市中池見の場合－．日本緑化工学会誌　26：142-153．

下田路子．2003．水田の生物をよみがえらせる．岩波書店．

下田路子・中本学．2003．中池見（福井県）における耕作放棄湿田の植生と絶滅危惧植物の動態．日本生態学会誌　53：197-217．

3．棚田と平坦地水田のクモ

松野和夫・稲垣栄洋（静岡県農林技術研究所）

農業に有用な生物多様性（functional biodiversity）とは？

　環境問題の深刻化が叫ばれている昨今、農業分野においても、農薬や肥料などの環境に対して負荷を与える農法を改善することが求められている。そのような現状において、利用可能なすべての防除技術から適切な手段を総合的に講じるIPM（総合的病害虫・雑草管理）や減肥・減農薬など、環境保全を重視した環境保全型農業が、全国各地で研究され、また、現場に普及されつつある。

　このように、環境保全を重視した農業技術の開発や普及が進められてはいるが、その農業技術が生物多様性にとってどの程度効果があるかは不明である。そのため、その効果を評価する指標を開発することが求められるようになった。

　そこで、平成20年度から、効果を評価する生物指標を選抜し、評価手法を開発する、5カ年のプロジェクト研究「農業に有用な生物多様性の指標及び評価手法の開発」（農林水産省委託プロジェクト）が開始され、全国的な調査が実施されている。静岡県農林技術研究所も本プロジェクトに参画し、研究を実施している。

　では、「農業に有用な生物多様性」とは、いったいどのような意味があるのだろうか？

　「農業に有用な生物多様性」はヨーロッパで生まれた概念である。ヨーロッパでは、農業経営面を考慮して、土着天敵などの農業に有用な生物

を活用した環境に対して負荷の小さい農業を効果的に進めるため、その指標となる生物種の選定と評価手法の確立が進んでいる。また、「農業に有用な生物多様性」は持続的な農業を実現するために重要であることが広く認識されている。一方、日本では、前述のように平成20年度から、生物指標選抜の取り組みが開始したばかりであり、今後の成果が期待される。

「害虫」・「益虫」・「ただの虫」

　水田やその周辺には、どのような生き物がいるのだろうか。

　水田やその周辺は、昆虫やクモ、魚類や鳥類、植物など、多種多様な生き物の生息場所となっている。

　それら多様な生き物のうち、昆虫やクモに着目してみると、昆虫やクモは大きく分けて、「害虫」、「益虫」、「ただの虫」の3つに分類することができる（宇根ら1989）。

　害虫とは何か。害虫は文字通り害を及ぼす虫で、農作物を加害し、減収などの被害を引き起こす。このため、農作物の生産者にとって害虫は悩みの種の一つである。各農作物には様々な害虫が発生するが、水稲に発生する害虫は、現在全国的に問題となっている斑点米カメムシをはじめ、ウンカ類やヨコバイ類、フタオビコヤガなどのチョウ目の害虫など多種類が存在する。これら害虫とスズメなどの有害動物を合わせると232種にものぼり（日本応用動物昆虫学会2006）、非常に多種類の生物から稲は被害を受けているといえる。

　次に、益虫とは何か。益虫は、主に害虫を食べてくれる天敵である。このため、益虫は生産者にとってありがたい存在であるといえる。水稲害虫の天敵として、寄生蜂やクモなどが活躍することが知られている。

　三つ目に、ただの虫とは何か。ただの虫とは、害虫なのか益虫なのかが不明な虫である。ただ、農作物に直接影響がないと考えられていることから、「ただの虫」と扱われるようになった。そんなただの虫も、全く意味のない存在、という訳ではない。例えば、ユスリカはクモの餌資源となっていることが指摘され、水田の生態系において重要な役割を

担っていると考えられている。

このように、水田やその周辺には、害虫、益虫、ただの虫など、様々な生き物が相互に関係を持ちながら生息している。

天敵として働くコモリグモ

環境保全を重視した農業では、極力農薬の使用を控えたい。しかし一方では、安定した生産性を維持するため、害虫による被害は抑えたい。このような現状において注目されているのが天敵である。特に、各地域に根付いて生息する土着天敵が重要視されており、水田で注目されている土着天敵の一つが、コモリグモと呼ばれるクモである（図3-1）。

水稲害虫の天敵として、キバラコモリグモ、キクヅキコモリグモの2種のコモリグモが「天敵大辞典」に掲載されている（農山漁村文化協会 2004）。

キバラコモリグモは、水田とその周辺に多く生息する徘徊性のクモであり、イネや雑草の株元を中心に生息する。広食性の捕食者であり、水稲害虫であるウンカ類やツマグロヨコバイをはじめ多種類の餌を捕食する。

キクヅキコモリグモも同様に、水田とその周辺に多く生息する徘徊性のクモであり、イネや雑草の株元を中心に生息するが、夜間や秋季などには稲株の上部にも上がる。広食性の捕食者であり、水稲害虫であるウンカ類やツマグロヨコバイをはじめ多種類の餌を捕食する。

キバラコモリグモ、キクヅキコモリグモのように、コモリグモは広食者であり、水田およびその周辺で生息するコモリグモは水稲害虫の天敵として機能していることが一般的に認識されている。

図3-1　水田のコモリグモ

棚田と平坦地水田に発生するコモリグモ

　平成20年度、静岡県農林技術研究所環境水田プロジェクトでは、「農業に有用な生物多様性」の指標生物の一つとして、天敵であるクモに着目し、棚田および平坦地水田に発生するコモリグモの調査を実施した。

　静岡県藤枝市の平坦地の水田で調査を実施したところ、確認されたコモリグモの種類は、「天敵大辞典」に記載されているキバラコモリグモ、キクヅキコモリグモの2種であり、そのほとんどは、キクヅキコモリグモであった。一方、静岡県菊川市の棚田では、ヒノマルコモリグモ、フジイコモリグモ、チビコモリグモ、ハリゲコモリグモ、イナダハリゲコモリグモ、キクヅキコモリグモの6種のコモリグモが確認された（表3-1）。

　今回の調査から、棚田と平坦地水田では生息するコモリグモの種類が異なることが明らかとなった。棚田では、平坦地水田に比べてコモリグモの種類が多く、また、山地や里山などを主な生息場所とするコモリグモや平地を主な生息場所とするコモリグモなど（千国2008；新海2006）、特徴の異なる様々なコモリグモが生息していることが分かった。

　ひと言に田んぼといってもその環境は一様ではなく、今回取り上げたコモリグモでも分かるように、棚田と平坦地では周辺環境の違いから生息する生き物も大きく異なると考えられる。

表3-1　静岡県菊川市の棚田および藤枝市の平坦地水田にみられるコモリグモ

棚田

種類	生息場所など
ヒノマルコモリグモ	山地の林床の落葉中を徘徊する。
フジイコモリグモ	平地の草原に生息し、草間を徘徊する。
チビコモリグモ	山地の林の中で、日当たりのあまりよくない林床に生息し、落葉中を徘徊する。
ハリゲコモリグモ	平地から山地にかけての草間に数多く生息し、水田にも多く入りこんでくる。
イナダハリゲコモリグモ	平地から里山にかけて、主に水田に生息し、水田の害虫を捕食する。
キクヅキコモリグモ	水田に多く生息し、稲株の間や草間を徘徊し、水田の害虫を捕食する。

平坦地

種類	生息場所など
キバラコモリグモ	水田や湿地帯に多く生息し、草間を徘徊したり、地表の透き間に管状の住居を作る。水田の害虫を捕食する。
キクヅキコモリグモ	水田に多く生息し、稲株の間や草間を徘徊し、水田の害虫を捕食する。

注）生息場所などは引用文献をもとに作成

まとめ

　農業に有用な生物多様性を評価する指標の調査を実施しているなかで、その候補の一つとして、水稲害虫の天敵であるコモリグモに着目した。コモリグモは水稲害虫を捕食し、天敵としての機能を有しているといわれているが、その種類によって生息地が異なる。静岡県の水田は、棚田のような中山間地から平坦地まで様々な環境にあることから、それぞれの地域で、その環境に適したコモリグモが天敵として機能していると考えられる。

〈引用文献〉

千国安之輔. 2008. 写真　日本クモ類大図鑑　改訂版. 偕成社.

日本応用動物昆虫学会編. 2006. 農林有害動物・昆虫名鑑　増補改訂版. 日本応用動物昆虫学会.

農山漁村文化協会編. 2004. 天敵大辞典　生態と利用　下巻. 農山漁村文化協会.

新海栄一. 2006. ネイチャーガイド　日本のクモ. 文一総合出版.

宇根豊・日鷹一雅・赤松富仁. 1989. 減農薬のための田の虫図鑑　害虫・益虫・ただの虫. 農山漁村文化協会.

棚田の水環境

4．棚田の持つ水質浄化能力

高橋智紀（静岡県農林技術研究所）

はじめに

　水田の持つ多面的機能の一つに水質浄化機能がある。水質浄化機能は公益的な側面が強いことから、生物や文化保全機能等の「軟らかい」多面的機能に比べ早い段階から研究が開始され、すでに多くのことが明らかになっている。これらの一連の研究では台地—水田を一つの水系とみなし、水系での水質浄化を目的としたものが多い。しかしながら台地—水田の連鎖がより明確である棚田を研究対象とした事例は多くない。そこで、この章では上倉沢の棚田を対象として、代表的な水質浄化機能である硝酸性窒素の除去機能および pH 中和機能が棚田においてどのように働き、平坦地水田のそれとどのように異なるか、という点に関して述べたい。

棚田の硝酸性窒素除去機能

（1）水田の窒素除去機能

　水田では土壌微生物の働きによって硝酸性窒素（NO_3^-）が無害な窒素ガス（N_2）に変化し、大気中に放出される。このような窒素の反応を脱窒(だっちつ)という。脱窒は昔からよく知られた反応であり、コメの増収が最大の目標であった時代には肥料の利用率を下げる「悪者」として認知されてきた。ところが、1990年代後半から硝酸性窒素による環境負荷の問題が顕在化し、水系の窒素量を減らすための様々な試みがなされるよ

うになると、脱窒は水系の水質浄化のための手段として再び注目される。つまり以前は「悪者」であった脱窒が環境保全という新しい切り口から研究の対象となったのである。

　脱窒は畑ではほとんど行われず、水田土壌独特の機能だといえる。微生物が脱窒を速やかに行うためには、(1) 酸素の少ない環境、(2) 適度な温度、(3) 高い硝酸性窒素濃度、が必要である。水を湛えた水田は土壌への酸素の流入が遮断されており、水稲作付け期間は水温も高い。したがって灌漑水の硝酸性窒素濃度が高ければ、上記の3つの条件が総て揃う。過去の多くの研究蓄積から、水田の脱窒による窒素除去量は一作期間を100日とすると、年間で20〜110kgN/10a程度であることが知られている。水稲の吸収による窒素除去量は10kgN/10a程度であるので、水田では稲の窒素吸収の2倍以上の窒素が脱窒によって田面水から取り除かれることになる（渥美ら2002）。

（2）上倉沢の棚田の窒素除去機能の実態

　窒素除去による水質浄化は主に平坦地の水田を中心に研究されてきたが、棚田（松尾・野中2002）や谷津田（田渕ら1993）においても同様な窒素除去機能が確認されている。しかし、棚田での窒素除去を詳細に調べてみると、後で述べるように水管理や畦畔の存在形態が平坦地の水田と大きく異なり、そのことが実際の水質浄化機能に影響していることがわかる。

　調査した地域は棚田保全クラブの活動範囲とその下流の営農水田を含めた全1.5haの地域である。表4-1に示すように、この地域の推定面積の45％は非水田である。非水田の中身は畦畔、休耕田（一部に畑と樹園地が入っている）、道路、用水等であるが、非水田の大半は畦畔であると考えられる。このような高い畦畔割合は上倉沢の棚田が持つ大きな特徴だといえる。棚田上部には取水口が設けられており、目木沢という小河川の水を灌漑に利用している。目木沢はさらに上流部の湧水群を集水域とした小河川であるが、硝酸性窒素濃度が高く、pHが低いという特徴を持つ。灌漑水は棚田上部より田越し灌漑によって下方の水田へと

流れていき、最下流の水田から排水路へ表面排水されるように水路が組まれている（図4-1）。調査を行った2007年4月～2008年6月の棚田の水収支をみると、明らかな表面排水として観測されたのは水田に導かれた水の23％であった（表4-1）。流入水の25％は水面からの蒸発や稲の水吸収（これらを合わせて蒸発散という）、15％は耕盤より下にしみ通る降下浸透となる。このように排水口（水尻）からの表面排水量が比較的少ないことは上倉沢の棚田の大きな特徴である。不明水が37％存在するが、これらは棚田地域内の地下に存在する未発見の「水みち」から地下への排水であると思われる。

　上倉沢の棚田の水管理上のもう一つの大きな特徴は1月下旬から2月上旬という極めて早い時期から水田を湛水し、いわゆる「冬期湛水」の状態で管理することである。この地域で冬期湛水を行う理由や作業実態は本書の45ページに詳しいので、ここでは使用水量についてのみ触れたい。図4-2に示したように、冬期湛水時期の用水の使用量は年間を通じて最大である。無代かき状態で水をはるため漏水が多く、下方の水田にまで水を満たすためには大量の灌漑水が必要なのであろう。後述するように、このような水管理は、棚田の水質浄化量に大きな影響を与えている。

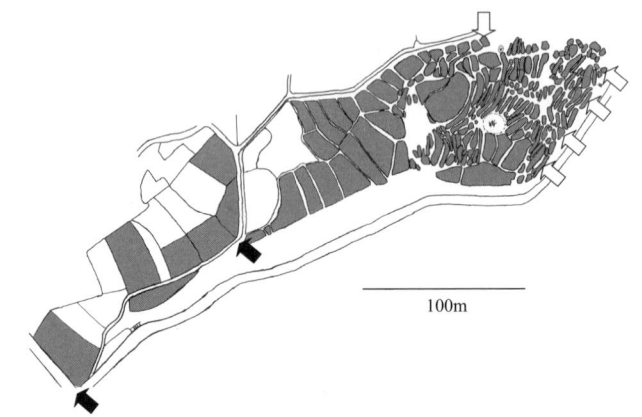

図4-1　上倉沢の棚田の概要と流入口および排水口の位置
航空写真と現地調査から作成した。灰色は水田、白く抜けた箇所は、畦畔、用排水路、休耕田（一部に果樹園を含む）、農道を示す。白矢印は用水の流入口、黒矢印は排水口

表 4-1　上倉沢の棚田地域の面積と年間の水収支†

水田面積	ha	0.82
棚田地域面積	ha	1.5
流入水量	t	82000
降下浸透速度	mm/d	3.7
降下浸透による系外への流出量	t	12000
蒸発散量	t	21000
表面排水量	t	19000
不明水量	t	30000

†2007年6月からの365日間のデータ

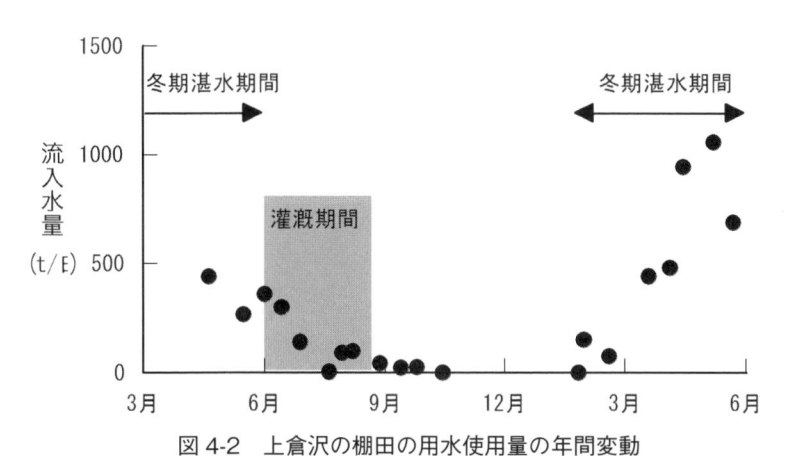

図 4-2　上倉沢の棚田の用水使用量の年間変動
図中のグレー表示は表4-2で想定した一般的な水稲作での灌漑期間。矢印は冬期湛水期間を示す

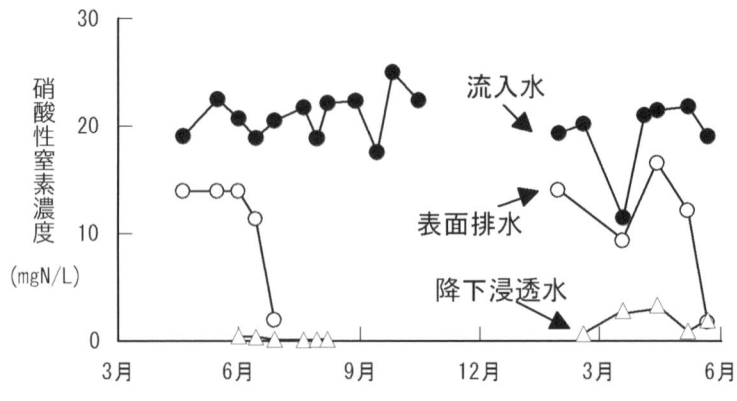

図 4-3　流入水、表面排水、降下浸透水の硝酸性窒素濃度の年間変動

図 4-4　上倉沢の棚田の窒素除去量の年間変動

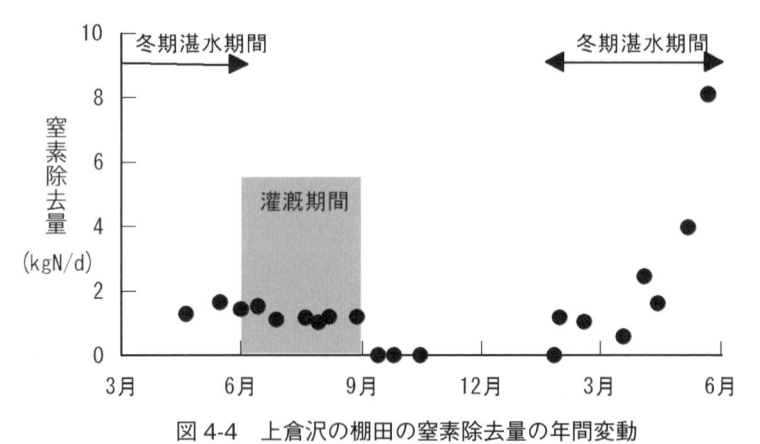

図中のグレー表示は表 4-2 で想定した一般的な水稲作での灌漑期間。矢印は冬期湛水期間を示す

表4-2 棚田の窒素除去機能の平坦地水田との比較†

		平坦地水田*	棚田（畦畔等含む）	
			年間	灌漑期間
対象日数	d	99	365	104
窒素流入量	kgN/ha	413	977	117
用水から	kgN/ha	314	961	101
水稲への施肥等	kgN/ha	98.9	16	16
窒素除去量	kgN/ha	333	393–853	83–109
脱窒による	kgN/ha	223	350–810	40–66
水稲の吸収による	kgN/ha	110	43	43
除去率	%	81	40–88	71–93
脱窒による	%	54	36–83	34–56
水稲の吸収による	%	27	4	37

†平坦地水田は灌漑期間以外は湛水を行わないので、99日の灌漑期間の窒素除去量が年間の灌漑期間に等しい。棚田での灌漑期間は1年間のうち平坦地水田での灌漑期間に相当する期間を取り出したもの

　硝酸性窒素はこのような水の流れの中で水田に入り、除去される。蒸発散水に窒素は含まれないので、主な窒素排出ルートは表面排水と降下浸透ということになる。図4-3に棚田内の表面排水と降下浸透水の窒素濃度の推移を示した。表面排水では流入水の窒素濃度の70％にまで低下する。降下浸透水の窒素濃度はさらに低く、脱窒による窒素除去がより有効に機能していることがわかる。表面排水、降下浸透水を含めた脱窒による年間の窒素除去量は393〜853kg/haと計算された（表4-2中央のカラム参照）。窒素除去量に大きな幅があるのは不明水での除去量がわからないためである。そこでここでは不明水でまったく除去が行われない場合と降下浸透と同様の除去が行われた場合をそれぞれ最小値と最大値として表示している。また、水稲の吸収による窒素除去量は流入量の4％に過ぎず、多くの窒素が脱窒により除去されている。脱窒による窒素除去量の年間の推移は図4-4のようになる。図4-2と比べるとわかるように両者は同じ傾向を示している。つまり窒素除去量は用水の使用量と関連が高く、冬期湛水時期の用水の使用量が多い時期に最も除去量が多い。

　上倉沢の棚田は、このように冬期湛水を行っており、畦畔の割合が高

いという特徴があった。このような棚田の特徴は窒素除去量にどのように影響しているのだろうか。筆者の観察では、棚田地域内の畦畔直下の土壌は周囲の水田土壌と同じように水で飽和しており、酸素がない、脱窒に適した環境だった。つまり、畦畔直下においても棚田と同様な降下浸透による排水が認められ、そこでは脱窒反応が生じていると考えられる。棚田は平坦地の水田に比べ畦畔の面積割合が大きいが、この畦畔においても降下浸透水中の窒素除去が活発に行われていると考えれば、棚田地帯では水田だけでなく畦畔を含めた広い範囲で窒素除去機能が認められると考えるべきだといえる。つまり水質浄化機能を考える際、広い畦畔は無駄とはなっていないと思われる。次に冬期湛水の影響を考える。そのために平坦地水田における窒素除去量との比較を行ったものが表4-2である。年間を通した窒素除去量は棚田において平坦地水田よりも高い。冬期湛水を行っていない平坦地の水田では灌漑期間が99日と短く、これが年間窒素除去量が少ない一因であると考えられる。そこで、通常平坦地で灌漑する期間と同じ期間を取り出し、棚田の窒素浄化能を比べてみた（表4-2）。すると、灌漑期間に限ると棚田の窒素除去量は必ずしも高いとはいえなかった。つまり、棚田には窒素除去量を高める特別な能力があるわけではなく、冬期湛水することで湛水期間が長く、この時期に多くの水を水田に引き込むことが除去量が高まった主因であると考えられる。

　以上をまとめると、棚田は畦畔割合が高く、畦畔を含めた棚田地域全体が窒素除去機能を持つようであった。冬期湛水等で棚田において湛水期間を拡大している場合は、湛水期間の拡大に応じて年間窒素除去量が増加した。このように棚田の窒素浄化機能は平坦地と遜色なく、水管理によって年間での除去量はむしろ高まることが分かった。

棚田のpH中和機能
（1）水田のpH中和機能
　水田には化学的な作用によって田面水のpHを中性付近に維持する能力があることが知られている（Ponnamperuma, 1972）。水田のように

湛水された土壌では土壌や田面水が酸性であっても土壌中の鉄が還元されることにより、中性付近に中和される。また、アルカリ側の土壌または灌漑水は湛水中に溶ける二酸化炭素の働きでやはり中性付近に中和される。松尾・野中（2002）は強酸性の水が流入する棚田において水田の中和機能を確認しており、酸の源であるアルミニウムイオンが水田土壌中で除去されることを確認している。田面水のpHは水田に生息する動植物に強く影響を与えており、水田のpH中和機能は水田生態系の保全に大きな役割を果たしていることが明らかになりつつある。

(2) 上倉沢の棚田のpH中和機能の実態

　先に紹介した上倉沢の棚田についてpH中和能力を調べた結果の一例が図4-5である。灌漑水のpHは4.8と低く、典型的な酸性を示しているが、棚田内においては中和作用が働き、下流に行くにつれてpHが高まった。また、流入口のある最上部付近で急激な中和がおこり、水田数枚を通過することで田面水のpHは中性付近に達することが分かった。なお、流入水のpHを棚田の流入口よりさらに500m上部の目木沢内で測定したが、棚田の流入口でのpHと変わらなかった。この結果は河川を流れるだけではpHの中和はほとんど行われず、灌漑水が水田に導入されることが重要であることを示している。

　つづいて2、5、8月のpH中和反応から年間での中和能の変化をみた。図4-6に示したように中和能力は冬期にやや減少する傾向があるが、いずれの時期においても田面水が酸性を示す水田はわずかで、棚田内ではほぼ中性の水質が維持されていた。すなわちpH中和能力は水稲作付けの有無や水温等の影響を受けず安定して機能している。これは前述したように水田のpH中和能力は土壌や水の化学反応によるものであるからだと考えられる。

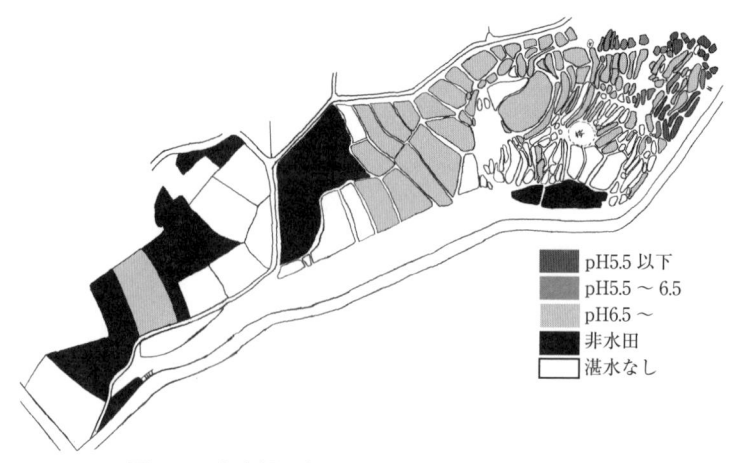

図 4-5　上倉沢の棚田における田面水の pH の例
8 月 19 日の調査の例を示した

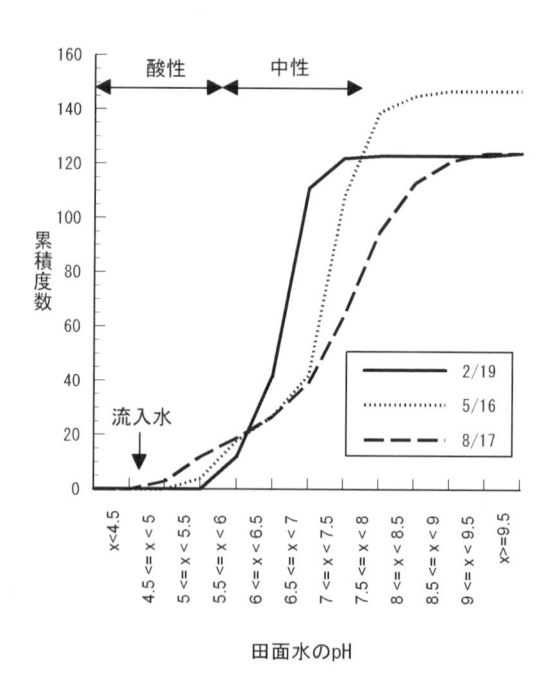

図 4-6　各測定時期の田面水の pH の累積度数分布

棚田の水質浄化機能をどのように活かしていくか

　現在までのところ水田の水質浄化機能は水田の副次的な機能であり、この機能を主体的に活かす試みはない。この機能を積極利用するためには、どんな点に留意する必要があるか、この章の最後に、この点について考えてみたい。

　第一に負荷源が湧水である場合、地理的には可能な限り上流部において浄化を図ることが望ましい。負荷物質が拡散・希釈される前の段階で浄化を図ることで効率的に除去が行えるだけでなく、その恩恵を受ける地域がより広くなるからである。第二に水田の水質浄化機能は水田に水を張ることによって初めて発揮される。したがって湛水期間が長く、掛け流し灌漑によってより多くの水が水田に導入されるほうが、地域の水系での大きな水質改善効果が期待される。第三に水質浄化効果を単なる稲作の副産物として捉えるのではなく、その価値を共有し、維持・増進への努力を社会で支える必要があるだろう。

　湧水直下に位置し、主として掛け流し灌漑が行われる棚田や谷津田は水質浄化に極めて効率的な環境を整えている。地理上のメリットを考えれば水質浄化の場は棚田や谷津田が担う方が望ましい。しかし、半面では棚田は大規模経営の展開が難しく、生産性だけを尺度にすれば水田作の不適地である。言い換えれば、棚田は上に挙げた1番目と2番目の条件はよく満たしているが生産性では難があり、水質浄化機能の積極利用には3番目の因子である社会的な価値の共有が生命線だといえる。上倉沢の棚田では農家と市民との交流が積極的に図られている。そこでは水や田んぼの生き物との触れ合いを通じて、環境を維持する水田の価値が農家と市民との間で共有されている。一方では、2007年から農水省が開始した「農地・水・環境保全向上対策事業」では農耕地での環境保全対策に直接的な支払いを行う制度が始まっている。これは生産性とは切り離し、農耕地での環境保全対策を支援対象とする画期的な試みである（詳しくは http://www.maff.go.jp/j/nousin/kankyo/nouti_mizu/index.html）。このような地域に根ざした活動と国単位で行われる支援が有機的に結びつくことによって、棚田の持つ水質浄化機能が広く共有され、

制度が棚田の維持を後押しする…そういった枠組みが近い将来に構築されることを期待したい。

〈参考文献〉

渥美和彦・宮地直道・望月康秀・新良力也．2002．地形・地目連鎖系を活用した環境保全機能の強化と環境保全型栽培技術．日本砂丘学会誌 48：129-138．

松尾喜義・野中邦彦．2002．休耕田への返水による茶園流出水の水質改善効果．東海作物研究 132：15

Ponnamperuma, F. N. et al.. 1972. The chemistry of submerged soils. *Adv. Agron.* 24：29-69．

田渕俊雄・篠田鎮嗣・黒田久雄．1993．休耕田を活用した窒素除去の試み．農土誌 61：19-24．

戸田任重・望月康秀・川西琢也・川島博之．1997．静岡県牧ノ原における茶園—水田連鎖系における窒素流出負荷低減効果の推定．土肥誌 68：369-375．

5．なぜ雑草が少ない？！　倉沢の棚田のミステリー[*]
―田んぼのヒエを抑える棚田の伝統的冬期湛水技術―

稲垣栄洋（静岡県農林技術研究所）

　モンスーンアジアに位置する日本では、雑草が旺盛に繁茂する。除草作業は、稲作にとってもっとも重要な作業の1つである。昔は炎天下で腰をかがめながら、田んぼの中で手取り除草をしなければならなかった。ところが、戦後になると除草剤が開発されて、除草作業は飛躍的に効率化してきた。しかし最近では、除草剤のみに依存しない代替農法の開発が行われている。

　冬の田んぼに水を張る「冬期湛水」は、近年、雑草を抑える新しい技術として注目されている。冬期湛水はもともと、水鳥に越冬場所を与え、生物の種類を増やす技術として提案されたが、近年では冬期湛水が雑草を抑制する効果を持つことが期待されている（栗田英治 2006；嶺田拓也 2008）。この冬期湛水技術を語る上で、極めて興味深い棚田が静岡県に存在する。

菊川市倉沢の棚田の謎
　新しい技術として注目される冬期湛水であるが、静岡県菊川市の倉沢にある千框（せんがまち）の棚田では、古くから冬期湛水が伝統的に行われている。この地域では、冬期に土が乾燥するとヒビが入り、水がたまりにくくなるので、1月から2月の冬期に田んぼに水を張る技術を、昔から行ってき

---

[*] この報文は、「稲垣ら（2009）伝統的冬期湛水田に見られるヒエ類の抑制効果．雑草研究 54」の内容を改筆したものである。

たのである。冬期に水を張ることは、かつては牧之原周辺の棚田で広く見られたと言うが、現在では棚田の多くは茶畑や休耕地になっており、まとまって現存するのは千框の棚田のみである。

　郷土史によれば、千框の棚田は16世紀後半に開発されたとされている（河城村郷土誌複製出版世話人会1972）。冬期湛水技術がいつ頃から行われていたかは明確ではないが、江戸時代中期より以前から行われていた伝統的な農法であった可能性が示唆されている。

　ところで、この棚田には1つの謎がある。驚くことにこの棚田は、除草剤散布はもちろん、田の草取りさえほとんど行われていない。それにもかかわらず、水田雑草の発生が比較的少ないのである。確かに、現在の棚田の稲作は景観保全や体験活動などが主目的となっており、ある程度の雑草が許容されている一面もあるが、イヌビエやコナギ、オモダカ、ホタルイなどの水田雑草の発生が認められるにもかかわらず、景観や収量に影響するほどの雑草の繁茂は認められない。

　どうして、倉沢の棚田には雑草が少ないのであろうか？

　これは大きなミステリーである。いくつかの要因が推察されるが、この棚田が抑草効果の期待される冬期湛水技術が伝統的に営まれてきた場所であることは、無関係ではないはずである。

　ここでは、伝統的に行われてきた冬期湛水と、重要な水田の雑草の1つであるイヌビエの発生との関係について紹介したい。

伝統的冬期湛水に見るイヌビエの抑制効果

　田んぼのヒエは代表的な水田雑草の1つである。田んぼのヒエ抜きはとても大変な作業であった。ヒエというと雑穀として食べる栽培ヒエを思い浮かべるが、田んぼに生えるヒエはイヌビエ（犬稗）やタイヌビエ（田犬稗）と呼ばれる別種である。イヌビエという名前は、人間用ではなく犬用であるという意味合いでつけられている。つまり、雑草のヒエという意味である。

　除草剤をまかないと、田んぼはヒエ類でいっぱいになる。ヒエ類は穂が出るとイネよりも背が高くなるため、田んぼにヒエ類が生えていれば

一目瞭然である。ところが、千框の棚田ではヒエがほとんど目立たない。

伝統的に行われてきた冬期湛水は、果たしてヒエ類が少ない要因として機能しているのであろうか？

注意深く観察すると、数多くの田んぼの中にはイヌビエの発生が多い水田もある。棚田は田越し灌漑であり、イヌビエの種子は周辺の田にも広がっていると思うが、イヌビエの発生が多い水田は毎年決まっているように見える。

棚田は、すべての田に水がまわるように一枚一枚が絶妙に配置されているが、水の入りやすさには立地による差があり、冬期の湛水程度は田んぼごとに異なる。そこで、田んぼごとの冬期の湛水の程度がイヌビエの発生の差となっているのではないかと仮説した。

棚田の133筆を1筆ごとに、十分な水深で湛水状態が保たれる「湛水条件」と、水深が浅く晴天が続くと土壌表面が露出する「湿潤条件」、湛水が不十分で乾燥状態になりやすい「乾燥条件」の3段階に区分し、夏季のイヌビエの発生程度と比較した。

その結果、冬期の湛水が十分な田では、イヌビエの発生が抑制されているのに対し、湛水が不十分な田ほどイヌビエの発生が高まる明確な傾向が得られた（図5-1）。このことから、伝統的な冬期湛水技術は千框の棚田においてイヌビエの発生が少ない一因となっていると考察される。

ただし、このように伝統的な冬期湛水がイヌビエの発生を抑制している効果は認められるものの、千框の棚田が古くから田の草取りを必要としなかったかといえば、そんなことはない。古老の話によれば、かつては3番草から4番草まで田の草取りをしたという。現在では千框の棚田は多くが休耕されており、かつては現存する棚田の10倍もの面積が耕作されていたことから、往年の棚田では、湛水される水深が十分でなかったことも推察される。

また、千框の棚田では、イチョウウキゴケやヤナギスブタ、シャジクモ、イトトリゲモなどの貴重な水生植物の発生が認められたが、これらの植物種が発生する水田は、水位が保たれ、夏の間も湛水条件が確保される環境にある傾向も得られた。一般に、水田では夏季に水を落とす中

第Ⅰ章　棚田の恵みを科学する　47

干しを行うが、近年では灌漑設備が発達し、極めて強い乾燥状態になるため、多くの水生生物が死滅する。これに対して棚田は、田んぼから田んぼへと水を潅水していくため、水を引いたり、落としたりというきめ細かい管理を行うことができない。そのため、棚田の一部では湿潤状態が保たれ、水生植物が保全されたと考えられる。

近年、新しい技術として注目されている冬期湛水による抑草技術や生態系管理技術のヒントが、この古めかしい棚田に満ちているとしたら…、まさに「温故知新」の言葉を思わずにいられない。

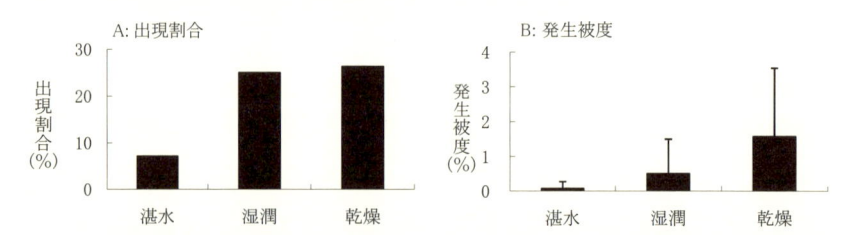

図 5-1　冬期間の湛水条件が稲作期のイヌビエの発生に及ぼす影響（A：出現が見られる田の割合（%）、B：発生被度（%）、図中縦棒は標準偏差）

〈引用文献〉

河城村郷土誌複製出版世話人会 1972. 河城村郷土史（上巻）

栗田英治・嶺田拓也・石田憲治・芦田敏文・八木洋憲. 2006. 生物・生態系保全を目的とした水田冬期湛水の展開と可能性. 農土誌 74：713-717

嶺田拓也・石田憲治. 2008. 冬期湛水田における水位管理と雑草の発生（1）宮城県大崎市伸崩地区の事例. 雑草研究 53（別）：34

研究こぼれ話　棚田の畦

　棚田の作業でもっとも大変な作業は、何だろうか？
　それは、田植えでも稲刈りでもない。棚田の作業でもっとも大変なのは畦を作る作業である。
　田んぼは水をためるために、田面を平坦にしてまわりを囲まなければならない。棚田の畦には石垣で築かれた畦と土で塗られた畦とがあるが、石垣で築かれた棚田に限っても、日本にある棚田の石積みの畦の総延長は、万里の長城よりもはるかに長いと言われている。まさに棚田の畦は歴史的な文化遺産であると言っていいだろう。
　実際に棚田に張り巡らされている畦は、どの程度の長さがあるのだろうか。倉沢の棚田保全推進委員会によって管理されているおよそ150枚の棚田の畦の長さを航空写真から測ってみた。
　その面積はおよそ50a。仮に100m×50mの一枚の四角い田んぼであれば、その周囲に必要な畦は300mである。ところが、どうだろう。航空写真上で計測してみると、驚くことに、倉沢の棚田は50aの田んぼに2kmもの畦が張り巡らされていたのである。
　倉沢の棚田も多くは休耕田となっており、現在、耕作されている棚田は10分の1にも満たない。ということは、かつてはこの地域に数十km以上もの畦が作られていたのだろうか。昭和44年の新聞記事に掲載された当時の倉沢の航空写真には「メロンの皮のよう」という見出しがある。倉沢の棚田保全推進委員会の山本哲代表によれば、昔は田んぼの形を複雑にして、年貢を納める田んぼの面積を測れないようにしていた知恵も伝え聞いているという。
　田んぼに張り巡らされた棚田の畦は、もちろん自然にできたものではなく、古人が築きあげてきたものである。しかもその畦は、毎年修復しなければ水をためることができない。そのため、現在でも毎年春には、

泥を塗りつけて人の手によって作られているものである。
　棚田は水を涵養したり、地すべりを防ぐダムとしての役割があることが知られている。こうした棚田の作業によって土と水が守られているのである。棚田の田植えや稲刈りのイベントに参加する人は数多いが、棚田を守る畦塗りは、地元の方々の地道な努力によって続けられている。畦を塗る作業はけっして楽ではない。しかし、土をこねて水をためる田を作っていく作業は、自然の中で「暮らす」歴史や、自然と共に「生きる」知恵を体感できる貴重な場でもある。機会があれば、棚田を守り、豊かな土と水を守る畦塗りの作業を、多くの方々に体験してもらいたいものである。

稲垣栄洋（静岡県農林技術研究所）

富士常葉大学の学生による畦塗りの風景

棚田の風景

6. 静岡県の棚田景観

大石智広（静岡県農林技術研究所）

　農業景観は、農作物や農地の季節変化が大きく、農作業や祭りなど人との関わりが多い点で都市景観や自然景観と異なる魅力を持っている。中でも棚田は長い間日本の水稲栽培の典型的な景観であった。米生産の主役の座を効率の良い平坦地の水田にとって代わられ、近年ではその姿を消しつつあるが、逆に変化に富んだ田の形や四季折々の周囲の景観との組み合わせが好まれ、ツアーが企画されたり雑誌に特集されるなど人気は高まっている。

　全国各地に有名な棚田が存在し、数千枚もの田の数、急傾斜地に築かれた石垣など見る者を圧倒する迫力を持っているが、静岡県内でもそれぞれ特徴を持った棚田景観が作り出されているので紹介する。

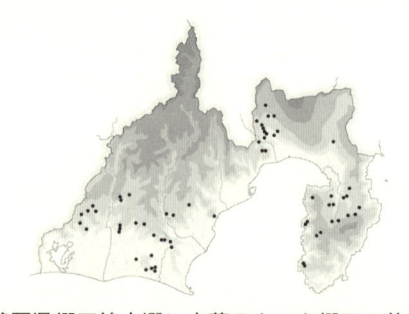

静岡県棚田等十選に応募のあった棚田の位置

大栗安の棚田：檜曽礼の石積み

棚田の構成要素
（1）傾斜
　棚田の傾斜についてみると、静岡県棚田等十選に応募のあっ

た県内62の棚田（以下「十選応募棚田」）の平均傾斜度は1/12で、傾斜度1/6以下の急傾斜地が26％であった。日本の棚田百選に選ばれた134の棚田（以下「百選の棚田」）の平均1/9、42％と比較すると傾斜は幾分緩やかである。

浜松市天竜区大栗安の棚田は県内でも傾斜が急な棚田に含まれる。傾斜度は1/3と全国でも急な棚田に分類される。檜曽礼地区には急傾斜地の石積畦畔の棚田が見られる。

（2）畦畔

畦畔は土もしくは石が使用されるが、同じ棚田内でも部分的に使い分けたり、石積みの上にさらに土を盛った畦畔など構造は様々である。沼津市北山の棚田は下方から見上げたときに石積みが目を引く棚田である。浜松市北区白橿の棚田周辺の山中には人の背丈ほどもある棚田跡の石垣が見られる。

城壁のような棚田跡

一方、菊川市倉沢の棚田は土の畦畔が主体であり、畦草刈りの後の景観が美しい。

（3）枚数

棚田は何枚もまとめて見ることが多いため、周囲の景観を含めた広い視野の景観となることが多い。十選応募棚

冬になると草の下に隠れていた棚田全体の形が現れる倉沢の棚田

第Ⅰ章 棚田の恵みを科学する 53

田の平均面積は 2.1ha、平均枚数は 109 枚、田 1 枚の平均面積は 5.2a である。百選の棚田は同じく 10.1ha、338 枚、5.7a である。

　倉沢の棚田は現在 200 枚程度が耕作されているが、冬場になると隣接する休耕田の草が刈り取られ、2000 枚を超える壮大な棚田景観が姿を現す。

（4）田の形

　棚田の 1 枚 1 枚の田の形は、作業する農家の立場からは作業性のよい直線的な形をした大きな面積の田が望まれるが、観光客には昔ながらの不整形で小さな田が好まれる。静岡県ではいったん放棄された棚田を復田した場所で曲線的な小さな区画の田が見られる。田面や畦は水平で直線的なリズムがあるが、田の形は同じような形で連続していても段を変えるごとに微妙にその形が変わり、畦が等高線のように見えてもとの山の形状がうっすらと分かるのも魅力のひとつと感じる。

（5）作業道、水路

　県内の比較的大きな棚田には作業道が併設されている。棚田の中央を通るところもあるがほとんどがコンクリート素材で景観上それほど見苦しくはならない。棚田は田越し潅水のため、田から田へ水が流れる。水の取り回しも棚田の景観を構成する一部であり、樋やパイプが使われている棚田も見かける。

各棚田景観の特徴

大栗安の棚田（158 ページ参照）

　大栗安の棚田の魅力は、住居と棚田が混在していることである。他にも住居と棚田が混在している場所はいくつもあるが、周りを森林で囲まれた山間の急傾斜地に、住居や棚田、茶園などがモザイク状に点在する様子は静かな周囲の状況とも相まって昔ながらの農村風景を映し出している。空が近くに感じる大栗安地区の平均標高は 425m と県下の棚田では最も高く、年に何度か雪景色の棚田が見られるのではないかと想像される。住居が近くにあるためか、イノシシよけの電柵が見られないことも良好な棚田景観の要素となっている。茶園と棚田を組み合わせた景観

は大栗安や倉沢ではよく見られる。

久留女木の棚田（160ページ参照）

　浜松市北区の久留女木地区は周りを森林に囲まれて棚田だけが1カ所にまとまっている。駐車場や物置、田と森林の境にはイノシシよけのフェンスが張ってあるがそれぞれあまり目立たず良好な景観は保たれている。田の枚数は800枚もあるが、小さな不整形の田や直線的な形の整ったものまで、その形はさまざまである。水稲を栽培していないところには花木が栽培され、他とは一味違った棚田風景を演出している。

倉沢の棚田（162ページ参照）

　倉沢の棚田は東海道線から見ることができる。草の生い茂る時期などは少しわかりづらいが車内からは見上げる位置に見える。周囲を茶園に囲まれ、向かいの山や脇の山の上部からは全体を見渡すことができる。田に早い時期から水を引くため、畦に植えられた梅の木や周囲の桜の花との対照が美しい。夕日の映り込みも見ることができ、田植え後に撮影に訪れる人も多い。

　棚田で働く人や遊ぶ子供も景観の構成要素に含まれる。倉沢は、田植えと稲刈りを小学

茶園に敷き込むため棚田に隣接するススキやヨシを刈り取る

冬から水を入れる倉沢の棚田

第Ⅰ章　棚田の恵みを科学する　55

生や幼稚園児を呼んで行うため、子供達と棚田の景観を見ることができる。一般の人が行う田植えや稲刈りの体験で開催規模が大きいのは倉沢と石部である。

石部の棚田（164ページ参照）

　松崎町石部の棚田の見所は上部から見下ろす景観である。

石部に見られるかやぶき屋根の小屋

山と山の間に上下に連なる水田が続き、その先には民宿や海、そして海の向こうには清水港や富士山、遠く南アルプスが見える。田植え前には作業によりきれいに切り揃えられた畦を見ることもでき、作業道の脇にはかやぶき屋根の作業小屋や水車小屋も建っている。また、管理する水田以外にも花や果樹が植えられたサイドエリアが設けられ、季節を通した景観の向上に役立っている。

荒原の棚田（170ページ参照）

　伊豆市荒原の棚田は、3枚続きの棚田とかやぶき屋根の民家が収まる景観が代表的である。石垣を修復した際に一部コンクリートを使用したため若干違和感はあるが、百選の棚田として撮影に訪れる写真家も多い。

荒原の棚田

柚野の棚田（168ページ参照）

　日本人の多くが好む富士山がシンボルの静岡県であるが、棚田と富士山という組み合わせの景観は意外と少ない。芝川町柚野の棚田は、背景

に富士山が見られる棚田である。冬場は全体がよく見えても水田に稲のある夏場はなかなかすっきりとした姿を見ることができない富士山だが、上柚野地区からは条件がよければ棚田と富士山を同時に見ることができる。

北山の石積み畦畔

北山の棚田（166ページ参照）

沼津市北山の棚田は県内屈指の美しい石積みの畦畔を持つ棚田である。毎年収穫期にはかかしコンテストが行われる。棚田の中を利用して行われるイベントは静岡県内では珍しい。

清沢の棚田（172ページ参照）

静岡市清沢の棚田は、周囲を山に囲まれた沢沿いの棚田で、近年復田された。実験的に雑穀栽培や不耕起栽培が行われる田の景色は他の水田とはすこし違って見える。

以上紹介した他にも、見る人によってそれぞれの好きな棚田の風景が存在するはずである。静岡県の棚田は車でのアクセスは良いところが多く訪れるのは容易であるため、ぜひ多くの人に棚田の景観を楽しんでいただきたい。

7．棚田の風景に誘われて
―被写体としての棚田の魅力―

鈴木美喜夫（二科会写真部静岡支部）

棚田の風景の魅力

　小さな段々畑が、急傾斜地に広がり周りの緑や青い空が美しいコントラストを見せる光景は日本人の心に残る、懐かしい風景である。多くの子どもたちでにぎわう田植え風景。金色に輝く幻想的な夕照の光景。収穫期を迎え黄金色に染まった棚田での稲刈り。棚田には魅力的な風景や、人々の暮らしが息づいている。現代人が、ともすれば忘れがちになる豊かな自然と、四季折々に装いを変える山里の姿、素朴などこか温かい情景がそこにある。

　小さく異形の水田、畦道、用水路。棚田は子どもたちが、多くの生きもの、生命の営み、自然への理解、生命の尊さなどを学ぶ場として重要な役割を果たしている。また、棚田は古くから治水の困難な傾斜地に位置し土砂崩れなどを防ぎ、下流での水の再利用を支えてきた。

　棚田を作り、守ってきた先人たちの深い思いと、その歴史を感じとることができるのである。

　段々畑の懐かしさ、時に厳しく、時に優しい表情、これが一体となった風景は人々の心にやすらぎを与える。

　棚田の持つ魅力は、日本の「原風景」。撮りたくなる、日本人の「心のふるさと」は、棚田風景にありと言われ、多くの写真愛好家が被写体として選ぶのもそこにある（口絵2を参照）。

撮影に適した季節
　棚田の撮影は四季を通じ1年中できる。

〈春〉
　桜、梅の咲く頃、樹木を前景、添景に撮影。

〈初夏〜夏〉
　田植え準備の代かき風景。
　田植えの日の風景。
　あじさいなど、草花を入れた棚田風景。
　夕暮れの棚田の光景。
　入道雲、夏空と棚田風景。

〈初秋〜秋〉
　畦道に咲く彼岸花と棚田風景（田の畦を彩る深紅の花と稲穂との相性はいい被写体です）。

〈実りの棚田〉
　稲刈りの風景。
　ハザ掛けの段々畑。今も懐かしい風景を演出します。

〈冬〉
　雪の積もった棚田の情景。

　美しい風景が展開され、日本の原風景そのままの田園風景は尽きることのない写欲をそそられます。

撮影ポイント

〈どこから撮るか〉

　棚田は急傾斜地に段々畑が広がっている。

"そこで"

1. 高い位置（場所）より棚田を広く写す（広角的に）。
2. 中程より撮影ポイントを決めて作画する。
3. 下方向より段々畑を見上げるように撮る。
4. 棚田の中にいる、人物を添景に入れ撮影する。
5. 樹木、花、柿などがあれば、それを生かす。

〈田植え風景〉

1. 広角的（風景的）に撮影する時、小さな田んぼの人物が重ならないよう注意してシャッターを切る（スナップ的撮影も同様）。
2. 昔ながらの懐かしい手植え光景があればシャッターチャンス。
3. 子どもたちの田植えを撮影する場合、楽しく、動きのある情景を写す。
4. 田植え日、準備中のスナップショットを。ひと声かけて撮りましょう。
5. 光を生かしPLフィルターを使用した撮影も有効である。

〈夕暮れの光景〉

1. 夕焼けは、厚い雲が多いと夕焼けになりにくい。薄い雲の日がチャンス。
2. 暮色の撮影は空の美しい自然現象が刻々変化するので、短時間に集中して撮る（三脚を使って慎重に撮る）。
3. 夕日の反映は雲などにより、小さくなったり、移動したりするので素早い対応が求められる。

4. 夕焼けの後にこやけがある。あきらめる人が多いが待つことも良い写真を撮る条件である。
5. 光の中に人物を入れ、人物を完全なシルエットにする時はマイナス補正をする。
6. 畦道を歩く人物を添景に配し、より写真を引き立たせる。
7. 重なり合う畦のライン、棚田の造形をねらってみる。
8. 田植え直後より、1週間くらい経過すると、稲が作画的によくなる。

〈カメラ、フィルム、条件等〉
1. 撮影場所が限られるのでズームレンズの使用を勧める。
2. フィルムはISO100〜400、自然風景を被写体として撮影するときはこのフィルムで十分。
3. 色彩を誇張したい場合は、低感度のフィルムを使用。
4. 朝、夕、夜の撮影に、表現意図によってはタングステンタイプのフィルムが効果的である。
5. フィルムの種類と特徴を知っておき、状況に応じた使い分けができるようになると表現の幅が広がってくる。
6. 真正面に太陽がある位置で撮影すると、直射光がファインダーに入りゴーストが発生する（要注意）。
一眼レフカメラはフレア、ゴーストともファインダーで確認できるので十分に注意したい。
7. 撮影は絞り優先オートで撮ることを勧める。夕照の場合、太陽の沈みかけF11、焼け始めF8、以降F5、6〜F4等。
8. 三脚、レリーズは用意する。

　美しい風景を楽しく撮影するために、みんなで"マナー"を守りましょう。

8. 農村景観の魅力をとらえる†

大石智広・稲垣栄洋（静岡県農林技術研究所）

「景観」は地域づくりの武器になるか？

　「物の豊かさ」から「心の豊かさ」へと人々の関心が移る中で、これまで単に食糧を生産することのみを求められてきた農業・農村に対して「豊かな自然や美しい景観」を求める新たなニーズが高まっている。また、これまで当たり前のようにあった美しい景観が、次第に失われていることも、景観への関心が高まっている背景にはあるだろう。

　美しい景観への関心の高まりを受けて、2005年に「景観法」が制定され、都市景観だけでなく、農山漁村景観や森林景観も含めた国土全体の良好な景観が国民共通の資産であると位置づけられた。そして景観法では、美しい景観は資産であるだけでなく、観光や地域活性化に大きな役割を担うことが指摘されている。

　確かにグリーンツーリズムやエコツーリズムなどを展開する上で、美しい農村景観は有効な地域資源である。しかも、農業生産を行う上では条件不利地というレッテルを貼られてきた中山間地は、一方で、豊かな自然や美しい景観を有しており、その景観の活用が期待される。「生産性」というものさしでは不利な地域でも、「景観」という新しい時代のものさしでは、むしろ有利な地域となりえるのである。

---

†本稿は稲垣・大石（2008）農村景観の魅力をとらえる．農林経済 9945：2-6 を改筆したものである。

農村景観の評価と整備の難しさ

　農村の景観は、都市の景観と比べて景観の評価は容易ではない。景観整備とはいっても、農村の景観は、地域の風土や歴史、文化、農業形態の結果として成立しているため、景観が本来的に持つ構成を簡単に変貌させることはできないのである。

　たとえば、棚田の景観がどんなに好まれているからといって、広い平坦な田んぼを棚田に作り変えることはできないし、ミカンの木を抜いて茶園景観を作ることもできない。都市景観のように簡単にビルの色を塗り替えたり、街路樹を植えるようなわけにはいかない。農業の景観は、いくら「どの風景が美しいか」という美人コンテストを行っても、美人は作れないのである。

　そこで我々は、「この風景はどんな点が魅力的か、どんな人がふさわしいか」というような、景観と人とを結びつける「見合いの仲人」の立場での評価を行うことを考えた。

景観と人とを結びつける

　首都圏、静岡県都市部、静岡県農村部の成人と小学生を被験者とし男女それぞれ50名の延べ600人を対象に、農業景観6枚を含む静岡県の代表的な景観の写真10枚（図8-1）の嗜好性や景観に対する印象について調査した。棚田については、景勝地の風光明媚な棚田の景観ではなく、中山間地域に一般に見られる棚田の景観写真を用いた。

　調査の結果、景観を見て抱くイメージは属性によって大きな差異はみられなかった。ただし、そのイメージが好きかどうかという嗜好性には明確な差異が見られる。中でももっとも大きな

図8-1　アンケートに用いた景観写真

差が見られたのは男女の差である。

　男性は、自然的で雑然としたイメージの景観を好む傾向にあり、これに対して、女性は広々としていて、きちんと整った景観を好む傾向にあった（表8-1）。この結果は、夫と息子が妻と娘に「散らかった部屋を片付けなさい」と怒られている、よくある日常の光景を妙に納得させるものでもある。また、ある脳研究によれば、男性の脳は立体的に処理するのに秀でているのに対して、女性は平面的に処理するのに優れていることが指摘されているが、この景観評価の結果も妙に当てはまっているようにも思える。

　一方、小学生は行動と関連づけて景観を評価する傾向にあり、男女ともに「食べたり、飲んだりしたくなる」景観を好み、小学生の女子は「腰をおろしてのんびりしたくなる」景観を好んだ。

表8-1　選択率と形容詞対、仮想行動との相関

	項目	成人男	成人女	小学生男	小学生女
形容詞対	変化が少ない	0.36	0.47	0.32	0.55
	落ち着く	0.60	0.58	0.38	0.58
	しずかな	0.35	0.33	-0.04	0.18
	印象に残る	**0.79** *	**0.88** *	**0.92** *	**0.89** *
	広々とした	0.61	**0.68** *	0.41	0.57
	きちんと整った	0.29	0.49	0.04	0.38
	自然的な	**0.65** *	0.47	0.46	0.52
	美しい	**0.75** *	**0.71** *	**0.71** *	**0.74** *
仮想行動 動的	歌を歌いたくなる	**0.72** *	**0.72** *	**0.74** *	**0.78** *
	まわりの音を聞きたくなる	0.44	0.34	0.49	0.48
	深呼吸をしたくなる	0.45	0.44	0.40	0.53
	走ったり、歩き出したりしたくなる	0.46	0.46	0.61	0.57
仮想行動 静的	腰をおろしてのんびりしたくなる	0.51	0.54	0.47	**0.64** *
	食べたり、飲んだりしたくなる	0.45	0.42	**0.66** *	**0.74** *
	写真をとったり絵を書いたりしたくなる	**0.79** *	**0.78** *	**0.77** *	**0.75** *
	見ていたくなる	**0.82** *	**0.78** *	**0.71** *	**0.76** *
	動的仮想行動値合計	0.53	0.51	0.59	0.62
	静的仮想行動値合計	**0.70** *	**0.69** *	**0.67** *	**0.75** *
	仮想行動値合計	0.62	0.60	**0.64** *	**0.69** *

＊は5%有意であることを示す

女性は茶園が好き

　それでは、それぞれの景観はどのような人々に好まれる傾向が得られたであろうか。いよいよ見合いの仲人の本領発揮である。

　特徴的だったのは、広々とした茶園である。茶園は成人、小学生ともに女性の評価が高く、特に首都圏の女性は茶園景観を高く評価した（図8-2）。このことから、茶園景観はグリーンツーリズムの素材として高い可能性を秘めているとともに、茶園をテーマにしたグリーンツーリズムは女性をターゲットにすることが効果的であると推察される。一方、自然的な印象の強い棚田や森林の景観は男性が好む傾向にあった。このことから棚田や森林をテーマにしたグリーンツーリズムは男性をターゲットにすることが有効であろう。

　また、家族連れはグリーンツーリズムの対象として重要であるが、本調査の結果からは、森林の景観は成人男性と小学生男女に人気があったのに対して、成人女性では評価が低く、逆にミカン園は成人女性と小学生男女で高く、成人男性では評価が低い傾向が得られた。このことから、景観という観点からは、森林でのキャンプはお父さんと子どもたちが喜ぶのに対して、ミカン狩りはお母さんと子どもたちが喜ぶことが推察される。

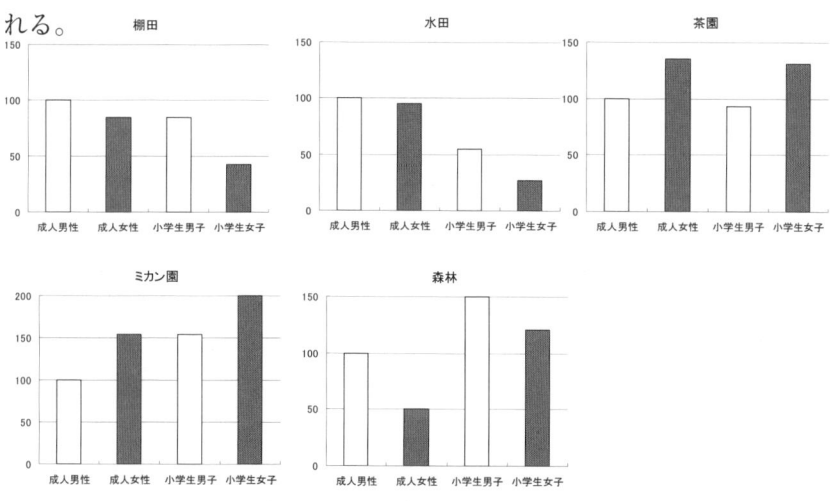

図8-2　景観の選好性＊（男性を100とした相対値）
＊10枚の写真から4枚を選んだ選考率

第Ⅰ章　棚田の恵みを科学する　65

見ていたい景観と活動したい景観

　本調査では、景観を見てどのような行動をしたくなるかという想起行動についても回答を得た。その結果、農業景観の中には、「腰をおろしてのんびり眺めていたい静的な景観」と「景観の中に飛び込んで活動したい動的な景観」とがあることが明らかとなった（図表省略）。

　静的な景観として評価されたのは平坦地の水田や茶畑の景観である。これらの景観は、静かで落ち着く印象で、腰をおろしてのんびりしたり、音や景色を楽しんだり、深呼吸をしたくなる景観として評価された。これらの景観は静かに景色を楽しむためのビューポイントの設定や、写真を撮ったり絵を描いたりする体験がふさわしいといえる。

　一方、動的な景観として評価されたのは、牧場である。牧場はさまざまな行動を想起させる景観だが、とくに「走ったり歩いたりする」など、体を動かす行動を誘起することで特徴づけられた。牧場の景観を活用したグリーンツーリズムでは活動的なプログラムがふさわしいといえるだろう。

　今回の調査では住んでいる地域や男女、成人と小学生という大まかな属性で景観評価の特徴を調査した。しかし、これはあくまでも一般的な傾向であって、景観の評価は人によってまちまちなのが実際である。

　特に、農村景観は「ふるさとの景観」としてとらえられる傾向が強いために、その人の生まれ育った環境や価値観が大きく景観評価に影響する。棚田景観を愛してやまないと圧倒的に支持する人もいれば、農作業を苦労した人の中には棚田景観など見たくもないという人もいるのである。今後は、さらに棚田などの農村景観が好きな人は、どのような人なのかを詳細にプロファイリングし、景観と人とをさらに結び付けることで、グリーンツーリズムの対象を明確にしていく予定である。

9．人は棚田景観の何をどのように評価しているのか

栗田英治（(独)農研機構　農村工学研究所）

はじめに

　農業・農村が有する多面的な機能の一つとして、景観保全上の機能の存在は、広く認知されるものとなっている。近年、農業や農村の生活が創り出してきた景観の保全や、美しい農村景観の形成に向けた動きが各方面で活発化している。2004年12月から施行された景観法の制定をめぐる動きのなかでも、農山漁村における良好な景観の形成促進について、法律内で明確に位置付けがなされた。なかでも棚田を中心とした景観（棚田景観）は、棚田百選への選定など高く評価されている。しかしながら、棚田の多くは耕作条件の不利な中山間地域に立地しているため、休耕や耕作放棄にともなう荒廃が進んでいる例も少なくない。「中山間地域等直接支払い制度」や「棚田オーナー制度」に代表される制度面からの支援に加えて、景観保全の観点から具体的な保全・整備のあり方の検討が求められている。

　良好な農村景観の形成・保全という点において、主体の評価と対象の構造との関係を明確にしていくことは不可欠である。棚田景観のように、景観を構成する要素の大きさ、形状などのより詳細な特徴が重要と考えられる景観においては、要素の有無のみならず、要素の物理的な特徴と評価構造との関係性の解明が必要である。

　そこで本稿では、棚田景観における人の評価構造、評価と関係する物理的な指標について、実際の研究成果をもとに述べるとともに、棚田景

観の保全・整備において、考慮すべき物理的な指標の検討結果を紹介する。具体的には、棚田景観の評価構造について、写真画像を用いた景観評価実験の結果を、評価と関係する物理的な指標について、画像を用いた物理的指標値の算出の結果、及び評価構造との関係性解明の結果を述べる。

写真画像の撮影と選定
（1）調査対象地域
　調査対象地域には、棚田百選選定地区の一つである千葉県鴨川市大山千枚田を選定した。当地域は、標高80〜150m、平均勾配1/6の斜面に、0.2〜9.0aの小規模な棚田が約350枚立地する、優れた景観を呈する棚田である。都心に近い立地をいかし、棚田オーナー制度等の都市住民を交えた保全活動が実施されている。
（2）写真画像の撮影と選定
　調査対象とした大山千枚田において、異なる視点場から複数の写真画像の撮影を行った。撮影には人の視野と比較的近いとされる焦点距離28mm相当のデジタルカメラを用いた。撮影にあたり、景観の主たる対象を棚田とするため、視野中心点（画像中央）が棚田の田面に位置するように、撮影方位、仰俯角を設定した。また、棚田の形状やテクスチュアなどの細かな特徴も判読可能とするため、各棚田が近景域：0〜340m内に収まるように、視野（画枠）を設定した。撮影は2003年8月に行った。撮影された写真画像44枚について、面接形式による写真分類実験を実施し、結果を踏まえ、物理指標値が異なると考えられる10枚の棚田景観の写真画像を選定した（図9-1）。

図9-1 評価実験、物理的指標値算出に用いた写真画像

棚田景観の評価構造

（1）景観評価実験

　図9-1に示した10枚の棚田景観の写真画像を用い、景観評価実験（被験者：成人男女51名）を実施した。写真画像は、液晶プロジェクターにより、大型スクリーンに投影する形で提示した。被験者には画像から受ける印象について、SD法を用いた評価を実施した。SD法に用いる形容詞対の選定に当たっては、まず、事前に実施した面接調査の結果をもとに、棚田景観の印象を示す形容詞対の整理を行った。その後、既往研究において指摘されている景観の評価構造を考える上で必要な6つの項目、快適性（好ましさ、美しさ）、自然性、多様性、統一感（安定、調和）、開放感（スケール感）、動きに関わる形容詞対をそれぞれ1対ないし2対選定した。

（2）棚田景観の評価構造

　SD法による評価実験の結果をもとに、因子分析を実施し、棚田景観の主要な評価因子軸の抽出、評価構造の解明を行った。結果、固有値1.0以上の因子が第3因子まで抽出された（表9-1）。各因子の寄与率は、第1因子軸58.5％、第2因子軸23.3％、第3因子軸12.7％で、第3因子軸までの累積寄与率は94.5％である。各因子軸の解釈には、評価項目ごとの因子負荷量を用いた。第1因子軸は"バランスのとれた""整然とした"

といった安定性や統一感を表す評価項目を中心に、"開放感がある""美しい""落ち着く"などの評価項目でも高い正の値を示す。このことから第1因子軸は「統一感」を中心とした総合的な評価因子軸と解釈できる。第2因子軸は"人の気配がする"で負の値、"自然的な"で正の値を示し、「自然性」を示す評価因子軸と考えられる。

表9-1 棚田景観の評価の因子分析結果

評価項目	第1因子	第2因子	第3因子
複雑な/単調な	-0.266	0.072	0.958
落ち着く/落ちつかない	0.733	0.614	-0.169
人の気配がする/ひと気がない	0.519	-0.721	0.022
バランスのとれた/バランスの悪い	0.982	0.027	0.126
開放感がある/囲まれ感がある	0.968	0.179	-0.023
整然とした/雑然とした	0.958	-0.189	0.062
自然的な/人工的な	-0.559	0.791	-0.052
美しい/美しくない	0.819	0.514	0.217
固有値の合計	4.679	1.861	1.017
寄与率(%)	58.491	23.256	12.716
累積寄与率(%)	58.491	81.748	94.464
評価因子軸	統一感	自然性	複雑さ

第3因子軸は"複雑な"という評価項目で高い正の値を示し、「複雑さ」を示す評価因子軸と解釈した。3つの評価因子軸を整理すると「統一感」、「自然性」、「複雑さ」となる。これらの結果は、複雑だが、統一感はあるといった一見矛盾した評価（例：景観4）が存在することを示唆している。Kaplanらは、環境が認知される際、即時的には、知覚された要素の統合性によって理解が支援され、複雑性によって探求が促進されるとまとめている。棚田景観の評価においても、同様の認知プロセスが存在し、結果、「統一感」と「複雑さ」という相反する概念が別々の因子軸として抽出されたと考えられる。

物理的指標の設定と算出

　棚田景観の評価と関係すると考えられる物理的指標として、以下の10の指標を選定した。ほ場枚数、田面積率、最大筆比、全可視田の一筆面積の平均・分散・標準偏差・変動係数、畦畔率、田面－畦畔比、畦畔延長－画像周長比（各筆の畦畔及び法面との境界延長を画像枠周囲の長さで除した値）。小規模な田が斜面に数多く存在する棚田景観の特徴を踏まえ、田面（筆ごと）、畦畔に関わる指標を中心に選定を行った。各物理的指標値は、撮影した写真画像を、天空、山林、田面、畦畔・法面、人工物の5つの景観構成要素に塗り分け、画像中に占める各構成要素の画素数を計測することにより、算出した（図9-2）。10の指標のうち、

物理的指標間の相関関係の分析において関係のみられた田面−畦畔比と畦畔率、平均筆率とほ場枚数、最大筆比と全筆分散については、それぞれ、畦畔率、ほ場枚数、全筆分散に代表させた。田面積率、畦畔率は、それぞれ、画像（視野）全体に占める田面、畦畔の割合を示す値であり、要素の分布や形状は問わない構成比率である。ほ場枚数、全筆分散、筆変動係数は、それぞれ"見えている棚田の枚数"、"見かけ上の大きさのばらつき"、"ばらつきの傾向"を示す値であり、棚田の一筆一筆に着目した値である。畦畔延長−画像周長比は、棚田の輪郭を形成している畦畔の長さをもとにした値であり、要素間の隣接、線要素に着目した値である（図9-2）。なお、算出された指標値は、全て可視上の値であり、地図等の図面をもとにした値とは異なる。

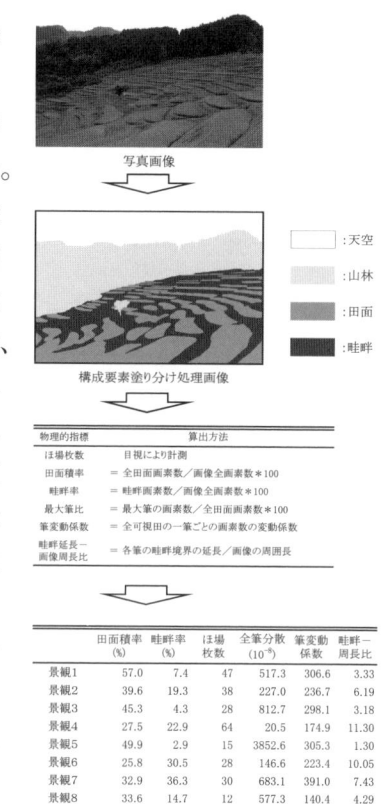

図 9-2　物理指標値算出の流れ

評価構造と物理的指標の関係性

評価と関係する物理的指標の解明を目的に、算出された物理的指標値を独立変数、各景観の因子得点を従属変数に回帰分析を行った。「統一感」を示す第1因子は、筆変動係数との間に最も強い相関関係がみられた（図9-3）。筆変動係数は、見かけ上の田面面積のばらつきの傾向を示す値であり、被験者は目に見える棚田の田面の大きさから「統一感」を感じ取っていると考えられる。ゲシュタルト心理学における「図と地」の関係において、視野内に複数の「図」が存在する場合、人はそれらを相互に関連付け、まとまりを持って知覚する「群化」と呼ばれる法則が

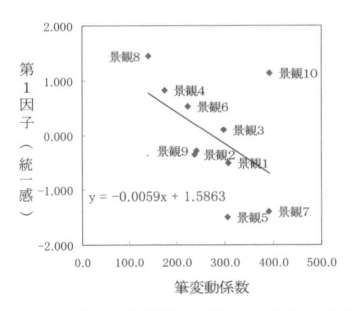

図 9-3　筆変動係数と第1因子の関係 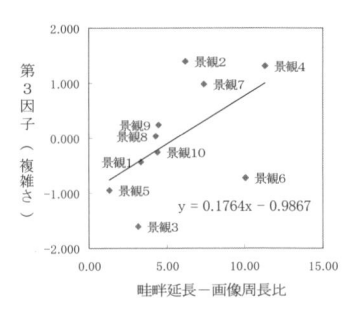　　図 9-4　畦畔延長－画像周長比と第3因子の関係

ある。棚田景観において、明瞭な領域を持つ棚田の田面は、「図」として認識されやすく、まとまりの知覚と関係する「図」の相互作用の影響を受けやすい対象といえる。

　また「複雑さ」を示す第3因子は、全可視田の畦畔延長－画像周長比との間に最も強い相関関係がみられた（図9-4）。フラクタル次数を用いた景観解析研究を中心に、輪郭線に関する物理量と複雑さの間には一定の関係性が示されている。棚田景観においても、視野内における田面の輪郭を形成している畦畔の量（長さ）が、「複雑さ」の評価に関係していると考えられた。

　「自然性」を示す第2因子については、画像中に占める田面の割合を示す田面積率と一定の関係がみられた。しかし一方で、同じ画像中に占める割合（棚田以外の緑視の割合）である山林率とより強い関係が確認された。自然性の評価において、被験者は、棚田そのものよりも、背後に存在する山林などの緑を重視している可能性が示唆される。景観中で「地」の役割を形成することが多い森林についても、全体の印象を左右する重要な要素であることが指摘されている。棚田景観においても、自然らしさなどの面からは、背景となる森林について検討が必要と考えられる。

　次に、一定の関係性がみられた評価と物理的指標値の間について、景観ごとの残差の検討を行った。第1因子（統一感）と筆変動係数の関係

においては、景観5、景観10が回帰直線から大きく離れ、残差の値が±1を超えた。これら2つの景観画像は、どちらも画像下部に、見かけ上、他の筆をはるかに上回る筆が撮影されているため、筆変動係数の値が高くなっている。景観10について、画像下部に写る筆を除いて、筆変動係数を計算した場合、152.1となり、回帰直線の予測値に極めて近い値となる。画像上で筆変動係数を物理的な指標として考えていく場合、視野を一定の方形と設定したことの影響を受けやすい手前側に写る筆（田面）について考慮が必要である。第3因子（複雑さ）と畦畔延長－画像周長比の関係においては、景観2、景観3、景観6の残差が±1を超えている。景観3、景観6は、因子得点の値が予測値を大きく下回っており、物理的指標の値以上に単純（複雑でない）と評価されている景観である。両景観は、田面と畦畔の境界線（畦畔延長）の大部分が直線で構成されている。特に、景観6は、斜面下から撮影したものであり、畦畔延長が平行の直線となってあらわれている。一方で、予測値以上に複雑と評価された景観2は、畦畔延長を中心に複雑な曲線の目立つ景観である。今後、さらに評価と物理的指標の関係を明らかにしていく上では、曲線・直線といった線の要素にも着目していく必要があると考える。

おわりに

本稿では、棚田景観が「統一感」、「自然性」、「複雑さ」の3つの評価因子軸によって評価され、評価と関係する物理的指標として、筆変動係数（「統一感」と関係）、畦畔延長－画像周長比（「複雑さ」と関係）があることを、実際の研究成果をもとに紹介した。これらの知見は、景観形成を目的とした復田やまちなおし・ほ場整備等の区画の変更が、対象となる棚田の主要な視点場（良好な眺望を有する地点や作業道など）からの景観に与える影響を考慮する上で、参考になると考える。景観形成を目的とした復田を例にあげれば、現在放棄されている筆（ほ場）の中で、どの筆を復田すれば「統一感」を高めることが出来るか等について、その視点場で撮影した景観画像から得られた筆変動係数をもとに考えることが可能となる。

10. 棚田の音の風景

山本徳司（(独) 農研機構　農村工学研究所）

聴覚で捉える景観

　昨今、都市住民や国民に注目されているグリーンツーリズムや農業・農村体験等は、農村の豊かな自然や景観との触れあいを通して五感が刺激されることで、保健休養・教育的機能が発現される。よって、都市住民の都市生活でのストレス緩和や国民の健康志向に伴い、農業・農村体験を通した都市農村交流は、今後ますます盛んになっていくと考えられる。そこで、農村での癒やし効果や教育効果をより高く発揮するため、景観や環境の質そのものを高める必要がある。

　しかし、景観の質の向上施策の多くは、景観構成要素の適正配置等の土地利用や構造物の色や形態等の視覚的デザインに関するものが多く、聴覚的デザインに関しては騒音対策的な配慮が限界となっている。人が景観を評価し、快適な気持ちになる際には、視覚だけでなく、聴覚、触覚、嗅覚等を併せた総合的な刺激を評価していることから、これらを含めた評価基準を確立すると共に、その機能を明確にした上での農村空間計画が必要になると考える。特に、音は景観にとって重要な要素である。

サウンドスケープと音質の評価

　これまでの音の評価に関する研究では、1つの音源を対象とすることが多かった。例えば、自動車の音、生物の音、水の音といった単一の音源の変動特性（場所や時間による変化）や質的特性（音の周波数の高低、

連続性や方向）を問題としていた。しかし、農村環境に存在する鳥や虫、飛行機や車、農作業や人の話し声等、景観全体の音を総合的、定量的に評価することについては十分研究が進んでいなかった。一つの音の良し悪しを問題とせず、空間全体での音のまとまりを評価の対象とすることが重要である。音を景観として捉える考え方は、一般的に「サウンドスケープ（景域音）」と呼ばれている。

また、これまでの音の評価は音の物理量である周波数、音圧、音色の3要素がどのような構成となっているかが問題とされてきたが、サウンドスケープにおいては、単に音が大きい小さいではなく、「やかましさ」、「鋭さ」、「粗さ」等の人の感覚に近い指標での評価が重要となる。

棚田の音のすばらしさ

図10-1は静岡県菊川市上倉沢の棚田の音をオクターブ分析したものである。静岡県の代表となる一般的な大規模茶園と東京丸の内のオフィス街の音と比較してみた。一目瞭然の違いがある。棚田の音には低い周波数の音の成分が少なく、高い周波数の音の成分が多いことがわかる。測定は8月初旬であり、主に棚田の生き物が発生させている音である。それに対して、丸の内では低い周波数の成分がなんと多いことか。

可聴域外の高周波成分は人の快適性に強く関与すると言われている。この棚田での音は可聴域ではあるが、高い周波数成分が適正な音圧で卓越していることが心地よいサウンドスケープを形成している。また、当研究所での研究では、ラウドネス（やかましさ）10soneまでが「親近感」が高い音であることが解明されており、この場合、棚田9.4soneに対して、丸の内は16.9soneとかなり大きく、評価が低い音となっていることが分かってきた（図10-2）。どんな棚田でもこのような音が出ているとは限らない。棚田景観を大切に保全していくなら、見た目だけではなく、サウンドスケープも考えていく必要がありそうだ。

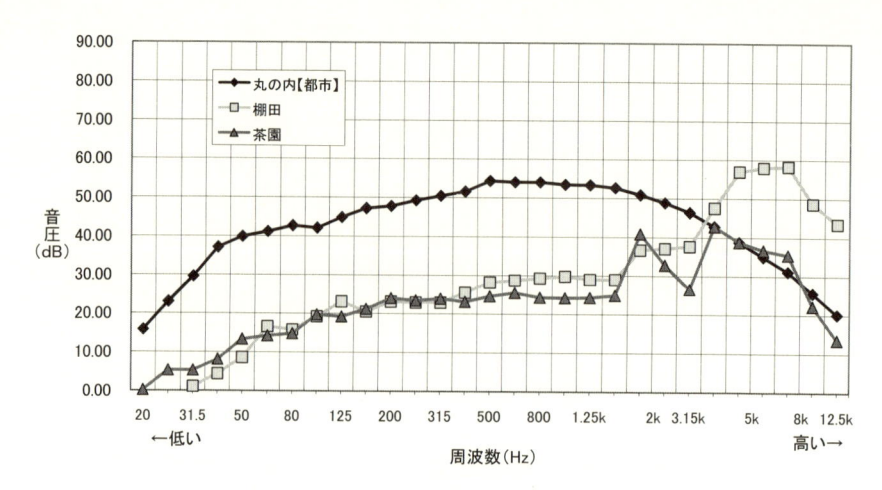

図 10-1　各景観の周波数の特性

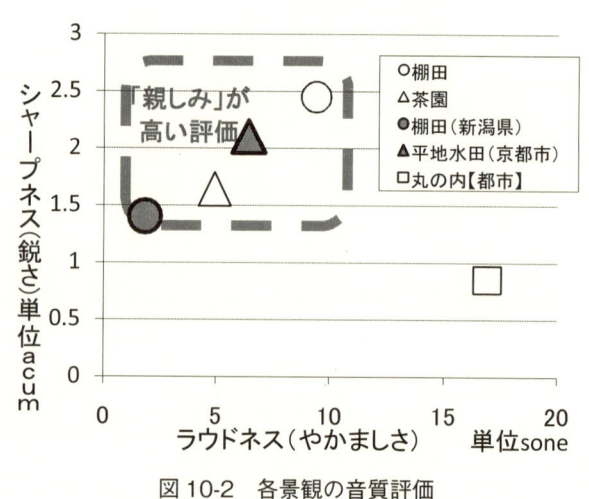

図 10-2　各景観の音質評価

研究こぼれ話　「田毎の月」を考える

　よく知られた棚田の代表的な景観に「田毎の月」がある。田毎の月は、たくさん並んだ小さな田んぼの一枚一枚に月が映った光景を言う。特に長野県の姨捨の棚田が有名である。田毎の月は古くから詩歌に詠まれた美しい風景である。

　田毎の月というのは、どのような光景なのであろうか。歌川広重の浮世絵「六十余州名所図会信濃更科田毎月」には、文字どおり田んぼごとに月が映った風景が描かれている。段々に連なった棚田の一枚一枚に月が映ったとしたら、それはじつに幻想的な風景であろう。

　しかし、少し待ってほしい。よくよく考えてみると、1つしかない月が、いくつも映るということは常識ではありえない風景である。1つしかない月は、水面にも1つ映るだけである。たとえ、田んぼが何枚もあったとしても、そのうちの1つに映るだけなのである。浮世絵では、より効果的に写実するために、現実にありえない構図を描くことがよくあるが、歌川広重の描いた田毎の月はフィクショ

広重の浮世絵に描かれた田毎の月
（大日本六十余州名所図会・国立国会図書館）

ンの可能性が高いのである。
　これに対してNPO田んぼの岩渕成紀氏は、じつに明快な解釈を行っている。1つしかない月は1枚の田んぼにしか映らないから、棚田1枚1枚に月を映そうとすれば、観察者が移動するしかない。見る位置を移動すれば、月が映る田んぼが移動する。つまり「田毎の月」は田んぼの水の張り具合を見て回る「田まわり」の情景だというのである。
　確かに、すべての田をまわれば、すべての田んぼ毎に月が映ることになる。
　「田毎の月」が「田まわり」の情景だとすると思いつくことがある。田毎の月を観賞する位置である。美しい棚田の景観を眺めるスポットは数多い。しかし、棚田を眺望する場所では棚田に映る月は見えにくい。
　棚田は山に囲まれているので、棚田斜面の方角にもよるが、一般には月が見えるのは空高く上った月になる。すると、水面に映る光の入射角と反射角は等しくなるので、天高く輝く満月から照らされる光は、真上に近い方向に反射される。そのため、田んぼの水面に映る月を見ようとすれば遠くから眺めるのではなく、畦の際に立って間近の田んぼを見ればよいことになる。
　実際に、昔は夏の夜に田まわりをしたという記録も残っている。「田毎の月」が田んぼをまわって見える風景であるというのは仮説に過ぎない。しかし、田毎の月が、そんな農作業の合間に見られる風景であるとしたら、何とも風情がある話である。月を映す棚田の風景は幻想的である。
　ただし、田まわりの月を気取って、安易に夜に棚田の畦を歩くことは、田んぼに落ちたり、畦を崩してしまったりする危険が伴うので慎みたい。地域のイベントとして、観月会や写真撮影会などを行ってみることも一考ではないだろうか。

稲垣栄洋（静岡県農林技術研究所）

棚田の文化

11. 南方系稲作文化圏から見た日本の棚田 *
－棚田の立地条件を考える－

大村和男（元静岡市立登呂博物館学芸員）

棚田の「タナ」と水田の「タナ」

　棚田の棚（タナ）は、歴史的にどこに由来する言葉なのだろうか。一般に、棚には物を載せるための水平面を確保した家具調度や家の壁や天井に作られた装置的意味がある。また、地形語彙としては、山腹の傾斜が緩やかになったところを指す言葉として使われてきた。棚のイメージには、平ら（水平）の意味合いが含まれている。傾斜地に段を作って水平面を造成した棚畑、棚田と呼ばれた耕地は、作物を平らの面に植える人為的装置として、棚の機能（働き）を重ねて、耕地に命名されて来たことが分かる。
　この棚田の「タナ」に着目してみると、水稲（稲）の種のことを「タナシネ」、「水田種子」と書いて「タナツモノ」と古くは呼んでいた。ちなみに、「陸田種子」は「ハタケツモノ」と呼んだ。かつて、水田のことを「タナ」、稲やその種のことも「タナ」と呼んでいたことを示すものである。この古い時代の水田の「タナ」呼称は、棚田の「タナ」に通じているのだろうか。すなわち、棚状の水田形態が古くから存在し、水田を「タナ」と呼ぶようになってきたのだろうかという仮説が示される。
　白川静氏の『字訓』の棚の項には、「幾層の段をなす状態をいい」とあり、横に水平方向に延びた様を、棚（タナ）で捉えてきたことが示さ

---

* 本稿は、『静岡市立登呂博物館（2001）棚田のルーツ』の文章を許可を得てそのまま転載したものである。

80

れている。また、棚には、「横にならべた木をいう」とも解釈されている。「タナ」という一つの言葉の中に、意外な棚田のルーツの糸口が秘められている可能性があると言えよう。それは、棚状の水平面を「タナ」と呼び、その耕地を「タナ」と呼び、水田そのもの、そこで栽培される水稲そのものを「タナ」と呼んできた道筋が浮かびあがってくる。現在、発掘された最古の棚田の水田遺構例として、徳島県三好町の大柿遺跡があり、弥生時代の前期末にすでに積極的に傾斜地という土地条件を灌漑施設と結びつけて、水田造成していたことを示している。

登呂遺跡の水田は棚田？

登呂遺跡の水田遺構は、その発見時から木柵列が注目されてきた。前述の、「横にならべた木をいう」に照らし合わせれば、棚のイメージと重なり、広い大区画の棚田景観が再現されてくる。現在、棚田の立地条件や傾斜角度が規定され、棚田は山や丘陵地の斜面に作られたものという思い込みが先行しているが、山を離れた平野の低地にも、斜面を利用した階段状の水田が作られていたのである。棚田は、水を流すために、わざと斜面を選び、水を溜めるために平らに削ってきたという、灌漑システムを基本にした水田造成の原形であると言えよう。

登呂遺跡の水田構造は、中央水路とそれに直行するかたちの大区画の区画からなり、その造成工事には多大な労力と数万本に及ぶ矢板や杭が投資されてきたことをうかがうことができる。推定水田面積は、約24690平米（東西約250メートル、南北430メートル。なお、中央水路は南へさらに延びていることが確認されており、面積は広がる可能性がある）である。水田の立地する緩斜面は、自然堤防または河口三角州縁辺が想定されており、その傾斜方向は、北東から南西方向に向かって下がっている。安倍川扇状地の末端地域に位置し、地下水位の高い湧水地帯に立地していたことが想定されてくる。数万本に及ぶ矢板や杭は、基盤となる灰色粘土層に打ち込まれて、水路や大区画の畦の壁を強固に固め、土圧や水圧に耐えられるようになっていたことを示している。約50面ぐらいの大区画のかまち（水田の一区画のこと）が再現されてい

るが、この大区画の一つ一つが、溜め池にも例えられるプール機能を もって作られていたと言えよう。東西が4〜5段、南北が12〜15段の 段差をもった棚田として、登呂遺跡の水田遺構が再現されてくるのである。海岸部の低地に造成された棚田イメージとして、登呂遺跡の水田遺構を見直してみることが、棚田のルーツ探しの出発点となっているのである。

山に登った棚田

　登呂遺跡の水田遺構を現在に彷彿とさせてくれた棚田が、かつて島田市鍋島にあった。地元では「杭田んぼ」と呼び、長さ1〜2メートルの栗の木の杭を、びっしりと畦や水路に打ち込んで作られた棚田であった。等高線に沿って畦が作られているため、曲がりくねった畦となり、そのかまちは小さかった。約300かまち、1町4反8畝の広さがあったという。「天の貰い水」と地元の人が表現する水源は、背後の背戸山からの湧水が利用されており、その湧水地点に八幡神社が奉られている。「杭田んぼ」が天水田ではなく、開発初期から灌漑システムを配慮して作られてきたことを示している。

　「畦を杭でもたせた」と言う畦の構造は、畦の外側にまず杭を打ち込み、次にその根元から横木の丸太材を積む形で木柵の段の壁が作られ、それに土を寄せる形で作られている。ミズッタ（湿田）で脛の下あたりまで潜り、ヒルやタニシがいて、タニシは「ススリツボ」と言って味噌汁の中に入れて食べたと言う。古くなった杭は転ぶものがあり、毎年、4月頃新しい杭を作って補修した。その

後、畦塗り、5月にうない、6月に田植えを行い、10月に稲刈りをした。その品種は、糯米、粳の両方を作ったと言い、水は冷たかったと言う。

　この「杭田んぼ」の在り方は、まさに、山に登った棚田を示していると言えよう。登呂遺跡の田んぼとは、時代も立地条件も大きく異なるが、畦や水路を杭で補強している対応関係は共通している。こうした棚田造成技術が、時代を飛び越える形で再現されているところに、畦を作って水をプールするという水田稲作の不変の営みが繰り返されてきたことを示している。その意味から、棚田こそ灌漑システムを伴った水田の原初形態と言えるのである。畦の補強が、棚田の生命線であることを、「杭田んぼ」は示しているのである。

地滑り地帯の棚田と石垣の壁

　日本の山に登った棚田は、その立地条件として山津波や地滑りと呼ばれる災害地形に造成されてきたものが多い。ヤツダ、ヤトダと呼ばれる丘陵地の谷間に開かれた水田は、不透水層を形成する粘土層を基盤にして作られているが、ここでも山崩れの災害を伴っていることが多い。斜面を求めて山に登った棚田は、水と土質との関係から災害と裏腹の関係にあったことがわかる。山の棚田は、耕地としては不適当なところに、あえて無理をして作られてきた耕地と言える。

　桜井由躬雄氏は、「本当の農は環境の限界の中で、その環境の生産力を、最大限に活きさせる技である。農は一つの自然環境の中で、その自然環境といたわりあってのみ存在する。その結果、農は新しい環境をつくりだす。その環境の中にまた、人の営みが生まれる」と述べる（『米に生きる人々』2000年　集英社刊）。山に登った棚田は、水稲栽培のための人為的な環境であり、まさに、土地を刻むことを前提とした土木工事を伴う農業活動であった。斜面を削り、段を作る棚田こそ、人為的な環境の創出であり、水平の畦の線は、自然界の山には存在しない線であった。

　この棚田造成と立地環境の関係性に横たわる、無理を承知の開墾作業こそ、水稲への執念を示すものである。伊豆半島西海岸の石部の棚田は、石垣を積んで造成されたものである。慶長3年（1598年）の検地には、

田地13町2反8畝余とあり、かなり古くから開かれた棚田であることがわかる。現在までには、幾多の災害と復旧を繰り返しながら棚田を保持してきたと言えよう。沢の河口から沢筋に沿って上へ上へと登って行った棚田の拡大を読み取れる一つのエリアを示している。営々とした石垣作りの営みが、新しい農業環境を作り出してきたのであった。石垣による棚田の段作りは棚田造成の大きな変革として捉えられよう。これによって、どんな傾斜にも平らな段が作られるようになってきたのである。まさに、環境の限界をのり越える石工の技術であった。

急斜面の石積み作業

　急斜面でほうって置くと土砂が崩れてしまう所を、静岡あたりではドハと呼んでいる。こうした所に石垣を積んで段が造成され、段々畑や棚田として開墾されてきた。「天下普請」（掛かり普請とも言った）と言って、専門の石工に頼むことなく、農家の人が自ら冬の農閑期に行った仕事であったという。その石の積み方には、ムツマキやミダレヅミと呼ばれた方法があった。石は川原から背負いあげたり、山の石を使ったりした。ゲンノウやヤを用いて、大きな石を割って作った割り石なども使われた。

　浜松市天竜区檜曽礼（ひのきぞれ）の棚田は、石積みの段によって造成されているが、その上端近くに横石を埋め込む形で突起部分を作り出している。この部分に乗って棚田の農作業をしたと伝えられている。石積みの棚田においても、漏水防止の畦作りはしっかりと行われている。沢沿いを山に登って行った棚田は、「ヤマダ」、「ヤマッタ」と呼ばれてきた。

　焼畑でも「ヨセをかう」と言って、耕作土の流失を防ぐことが行われてきた。切り株と切り株の間に横木を渡した棚状の施設であった。簡単なテラス状の平坦面がヨセによって確保されていた。そして、焼畑跡地の土の良いところや日当たりの良いところが常畑として開墾され、石垣を積んで平らの面が造成されてきた。そして、水の便の良いところに沢水が引かれて、常畑が水田に転換されてきたという、山の傾斜地の土地利用の変遷が押さえられる。旧安倍郡の山間地域では、かつて焼畑が盛

んに行われていたが、その輪作例に陸稲が組み込まれていないことが指摘される。稗、粟、蕎麦、芋、小豆などが主な作物であった。焼畑地域への米作りは、あくまでも水稲栽培の魅力として、山に持ち込まれて行ったと言えよう。そこに棚田の石積みと沢水を引っ張ってくる用水路開削にかけた山の民の営為があったのである。水稲栽培のために、棚田が作られてきた歴史は古く、それが繰り返し「渓谷移住の民」によって行われてきたと言えよう。

熱帯ジャポニカの行方

　最近の炭化米の遺伝子分析の成果として、熱帯ジャポニカの存在が注目されるようになってきた。登呂遺跡からもその存在が確かめられている。熱帯ジャポニカは、東南アジアで生まれた系統の稲と考えられており、南方系稲作文化圏を象徴する栽培稲である。熱帯の焼畑の主要作物として盛んに栽培されているのが、この熱帯ジャポニカの陸稲である。日本と東南アジアを結ぶ作物伝播の主役として、深い歴史が秘められている稲である。

　日本における稲の存在を示す事例は、縄文時代後期頃まで遡っており、熱帯ジャポニカの伝播の歴史が、南方の島伝いに黒潮の流れに沿って北上してきたという伝播ルートが再び見直されてきている。縄文農耕の雑穀栽培の中に混じって陸稲があったという解釈である。その縄文時代の畑作的伝統が水田稲作になっても混在し、陸稲栽培が水田の部分的エリアで行われていたのではないかということが提起されてきた。佐々木高明氏は、『東・南アジア農耕論』の中で、陸稲化現象の時期を問題にしているが、ルソン島北部山地焼畑における陸稲栽培の卓越化が進展したのは比較的新しい時代だと押さえられている。そして、その農耕の変遷を、植栽＝雑穀型焼畑から標高の高い地域でライステラスによる水田稲作中心の生業形態へ移ってきたと捉えられている。コンクリン氏は、「16世紀にサツマイモが導入され、さらに鉄鍛冶の技術が普及して」から、ライステラスの造成が急速に進んだと解釈されている。サツマイモによる自給食料の確保が、ライステラス作りに労働力を振り向ける余裕を生

み出したからと言えよう。陸稲としての熱帯ジャポニカは、原始、古代においてどんな役割を担っていたのであろうか。棚田の品種として、どんな位置を占めていたのであろうか。棚田のルーツと関連付けても、その解明の行方が気になる稲である。弥生時代、焼畑から棚田の水稲栽培へと、橋渡しをした稲が、熱帯ジャポニカであったかもしれない。

ルソン島の棚田のルーツ

　世界文化遺産に指定されているイフガオ族のライステラスは、その標高が1100メートルから1500メートルもある高所に立地している。その水田稲作は、11月から12月にかけて苗代への種まきが行われ、1月に田植えをして、6月から7月にかけて収穫するという生産暦になっている。高い石垣を積んだライステラスは、漏水を防ぐために畦作りが強固に行われている。その水田は年中水を張った湿田として維持されている。田んぼを漁場として、魚取りが盛んに行われている。農具は鋤(スキ)一本で行い、足を使って作土をこねくり回す蹄耕農法が行われ、収穫は穂摘み具（ガムラン）を用いた穂刈りが行われている。苗代には、稲穂のまま種籾が播かれる。

　桜井由躬雄氏は、「中国の福建地方で開発された棚田の技術がこの地に入ってきた」と説く（『米に生きる人々』）。その時期は、11世紀から16世紀の間を想定されている。日本の中世から近世初期の時期にあたり、石工の石積み技術がライステラス造成の原動力になってきたことも、日本の山に登った棚田と共通している。しかし、木製の鋤だけを用いた農法は、古い時代の伝統を留めている。また、稲の脱穀調整は、臼や竪杵、四角い箕を用いて行われている。米倉は、高床式住居の天井が利用されている。また、板を組み合わせて組み立ててある箱型のものもある。簡単な農具セットに比べ、稲作の儀礼具は豊富で、その呪術的祭りは、ブタ、ニワトリ、水牛などの動物供犠を伴って熱心に行われている。石垣作りのライステラスは新しい技術だが、古い時代の習俗が豊作を祈る稲作儀礼に収斂されてきたと言えよう。棚田の開発は、世界的な水稲栽培の拡散としてその技術が広まったのだろうか。水稲の栽培限界をめざし

て、ライステラスは山の高みに登って行った。日本における棚田開発の画期には、弥生時代、中世後半から近世初期、そして明治時代の三段階が考えられる。

低地の棚田と山の棚田

　棚田は、河川の支流、そのまた支流を遡るようにして山々の襞に造成されていった。「渓谷移住の民」の生業は、河川灌漑や石積みという土木工事にたけた人々であったことがわかる。石積みで造成された山の棚田のルーツは、時代的には新しく、日本においても中世後半頃から盛んになってきたと言えよう。山の焼畑地帯に水田稲作が入り込んで行く形が、棚田であった。新しい生業は、新しい儀礼や祭りを必要とし、三河、南信州、北遠にまたがる山間地域に残る花祭りは、棚田の開発にともなう新しい祭りとして興ってきたことが考えられる。山間僻地だから古い時代の文化が残っているという見方は、注意しなければならない。山には、ある時期、新しい生業や技術がすぱっと入り込んで、「環境の生産力」を最大限に作りだすものとして定着することがある。水稲栽培の魅力を発揮した棚田が、それに当たるだろう。自前の米を作る魅力のもとに、焼畑農耕民を虜にしていったのが、山の棚田での水稲栽培であった。

　一方、低地の斜面に立地した登呂遺跡の大区画棚田では、一体、どんな農法で米作りが行われていたのだろうか。大区画それぞれのかまちに水をプールさせた情景が浮かび上がってくる。水田の水環境や土質状態に対応して、田下駄が単なる歩行用の履物ではなく、重要な農作業の役目を果たす農具であったことが考えられてくる。中央水路を調節して水位を自在に調節できる構造をもっていた棚田であったといえよう。低地の棚田の水管理は、弥生時代にはすでにかなり発達したものであったことがうかがえる。東南アジアの稲作文化圏から照射した登呂遺跡の水田形態は、棚田の完成した姿を示していると言えるかもしれない。河川灌漑を基礎にして、人為的な土木工事のもとで作られてきた棚田は、水稲の生産力を最大限に引き出す環境装置であった。水稲栽培の歴史は、まさに、棚田の歴史であった。

12. 倉沢の棚田をめぐる歴史と伝説

中村羊一郎（静岡産業大学）

倉沢の始まり

　菊川市の上倉沢と下倉沢は、もとは一つの村だった。これが上と下という二つの集落に分かれたのは、江戸時代になってからである。そのいきさつは後に触れることにしよう。時代をさかのぼってみると、倉沢周辺のいくつもの村々は、記録の上では河村荘という荘園を構成していたと考えられる。近くには質侶荘（金谷あたり）など後世にまでよく知られた荘園があったが、この河村荘が記録に現れるのは平安時代末期で、白河上皇が賀茂御祖社に寄進した28カ所の御厨・荘園のひとつとしてその名が見える。ちなみに加茂の加茂社は京都の賀茂社を勧請したといわれており、荘園領主ゆかりの神社が今も祀られているのである。
　鎌倉時代の初め、幕府の公式記録である『吾妻鏡』によると、建久2年（1191）に三郎高政という人物が地頭職を北条時政に寄進した記録がある。この人についてはこれ以上のことは分からないが、おそらくこのあたりを開発して自分の領分にしていた開発領主で、北条氏の保護を求めて荘園の収益の一部を寄付したものと思われる。
　このあとしばらくは河村荘の記録がない。荘園の多くは、地方の土地を寄進された都の貴族、大きな寺や神社が所有者（領主、領家、本所などという）であるが、地方で実際に管理経営をしているのは地付きの武士たちである。彼らは中央の有力者の権威が高いうちは、その保護を求めていたのだが、やがて武士の実力が高まってくると本来の支配権を取

り戻そうとするようになる。具体的には、納めるべき年貢を都に送らなくなるのである。そこで領主は時には幕府の斡旋をうけて、たとえ収入が半減しても年貢を確保しようということになる。その結果が、年貢を半分ずつ分け合うという半済であり、さらに進むと荘園を分け合って、互いの干渉を排除することになる。これが下地中分といった。こういう歴史を念頭におくと、今も残る地名の意味がわかってくる。たとえば、政所（荘園の事務所）、半済、本所（分割した際に領主分として確保された部分）、公文名（荘園の事務方の収入源となる田）などである。しかしさらに武士の力が強くなり、しかも幕府の統制力がなくなってくると、あとは力づくで土地の権利を確保し、さらには周辺に勢力を拡大するのが当たり前の世の中になる。これが中世後半における地方の実態であり、かつての荘園は完全に姿を消していく。このなかで多くの武士を従えた有力者が戦国大名として実力をもち、互いに勢力拡大を競った。戦国時代である。

　では戦国時代に倉沢周辺はどのような状況にあったのだろうか。あえて推定すれば、堀内城を拠点とする堀内氏が当地を支配したらしいが、残念ながらよくわからないというしかない（以上は『角川日本地名大辞典・静岡県』を参照）。

　ただ、掛川藩主の命により19世紀前半の掛川藩領の地誌として作成された『掛川誌稿』には、下倉沢に殿垣戸という地名があり、それは「今川家永禄の分限帳」に見える倉沢金三郎という人の屋敷跡ではないかといい、そこには馬場の跡という場所もあると書かれている。ただし根拠としている分限帳は江戸時代に作られたもので信憑性は低いとされているので、そのまま事実とするわけにはいかない。しかし、少なくとも今川氏が勢力をふるっていた時代に、倉沢（下倉沢とあるのに注意しておきたい）の有力者が今川氏の統率下にあったことは十分に考えられ、やがて今川氏が滅亡するにあたって、大きな混乱がこのあたりに生じていった。それが治まった江戸時代のごく初期に、今日に直接つながる倉沢の輪郭が明らかになってくるのである。そのあたりの歴史は千框田の成立事情を含め、項を改めて検討することとし、とりあえず明治以降の

変遷を確認しておこう。

　明治21年（1888）に公布された市制及び町村制に基づき町村合併が進められ、翌年に河城村が成立した。倉沢をはじめ吉沢・友田・富田・沢水加(さばか)・和田・潮海寺の旧7か村が合併したものである。河城という新しい地名は、かつてこれらの地域を含んでいたと推定される河村荘という荘園の名と、それが属していた城飼郡(きこう)（城東郡(きとう)）に由来する。城飼郡は、奈良時代から見える地名で、牛馬を囲って飼育したことによるとの説がある。のち城東郡という名称と併用された。明治12年から郡役所が掛川に置かれ、同29年の郡制施行により城東郡は小笠郡に編入されて消滅した。なお河城村が成立したと同じ明治22年、東海道線が全通している。上倉沢の中央を汽車が走る光景は、このときに始まったのである。

　戦後の昭和29年に菊川町が成立、河城村は翌30年（1955）に菊川町に合併され、さらに平成の大合併によって平成17年に菊川町は菊川市となった。

駒形神社と津島神社

　現在の上倉沢の氏神は駒形神社である。祭神は駒形大明神とされ、社名はかつてこのあたりに官馬を養う牧があった名残と考えられる。御前崎市にも古社として知られる駒形神社がある。倉沢の駒形神社は『掛川誌稿』によると、4尺（約1.2m）の祠の中には「7寸（約20cm）許の灰色の石に画く如き馬の模様あるを神体とす」とある。この存在は確認できないが、社名からみても、馬に関係ある神社であることは確かである。したがって、倉沢という地名の起こりは、馬の「鞍」に関わるものであった可能性がある。クラには、神の坐という意味もあり、駒形つまり馬の神様がおられ

駒形神社

る沢辺の地、という意味でのクラサワが倉沢という字をあてるようになったのではないかとも考えられよう。もっとも倉沢という地名の起源については諸説があって、いずれとも決定しがたい。

　そしてもう一点重要なことは、駒形神社が上下倉沢のちょうど中間にあることで、本来は倉沢全体の神社であったのが、いつの頃からか、上倉沢だけの氏神となってしまったと考えられる。その理由は、後に述べる倉沢村の上下分離と深くかかわっている。

　いっぽう、下倉沢の氏神は津島神社である。この社名は明治の神仏分離令以後のもので、本来は牛頭天王社といった。やはり『掛川誌稿』によると、下倉沢にあって「この村第一の古社」という。この村というのが、倉沢全体をさすのか、下倉沢だけを意味するのかは不明だが、この記述の前に「天白岩」という項があり、「牛頭天王の林中に二間（約3.6ｍ）許の石あり、天白岩又男岩と名づく、又向の川岸にあるを女岩と呼ぶ、男岩より小なり、因て夫婦岩と云」と書かれている。

　牛頭天王社は村で最も古いというのだが、『河城村郷土誌』（以下『郷土誌』と略称する）によれば、神仏分離に際して廃棄されるのを恐れた村人が、塩留薬師堂天井裏に隠したと思われる棟札に「元和元（1615）辛酉十一月」とあるのが最古の記録であるとされる。ただし元和元年は辛酉ではなく乙卯であり、辛酉の年が元年にあたるのは天和元年（1681）である。天と元はかすれたような文字だときわめて間違えやすい。棟札の年号は天和元年とみるのが妥当だろう。この頃は倉沢村内部ですでに上下間の不協和音が高まりつつあった時期である。

　そこでさまざまな事例を勘案しながら、牛頭天王社成立の背景を推定してみよう。まず、牛頭天王社そのものが、各地に祀られるようになるのは中世以降のことである。それは本社とされる津島神社（愛知県津島市鎮座）の御師（布教者）が積極的に信仰を広めていったことが大きい。もともと牛頭天王は祇園精舎の守り神であり、さまざまな災厄を防いでくれる神様とされている。中世になって都市生活者が激増するにつれ疫病などが流行し、災厄除けの神様である牛頭天王が各地に祀られるようになった。そして本社で行われていた神事が各地の牛頭天王社でも行わ

れるようになる。津島神社の祭礼は、水上に船を浮かべ提灯を灯し賑やかなお囃子を奏でつつ巡幸する。静岡県では浜松市北区細江町の細江神社で浜名湖を舞台に行われる祭礼がよく知られている。また掛川市の上垂木にある雨桜神社では、神輿が男神の居所から女神の居所に行ってしばらく留まる。こうした遠州各地の事例を参考にすると、次の伝承の意義がわかってくる。

　下倉沢の牛頭天王社は、もとは菊川対岸の神尾沢(かんのさわ)にあったが、江戸時代になって現社地のあたりの水害を防ぐために遷座したという。現社地は菊川右岸に山手から張り出した台地の突端にあり、本殿脇には大きな岩がある。もともと何らかの祭祀が行われていた可能性が高い地形である。またすでに体験者はいないが、かつての祭礼では、現社殿前の菊川を一時せき止めて船を浮かべたともいう。つまり『掛川誌稿』にいうところの天白岩が現在の境内にある大岩であり、元の社地というのが女岩のあった所だろう。

津島神社脇の大石

　推論ばかりで後ろめたいところがないでもないが、事実は次のようではなかったか。倉沢は、本来は上下いっしょに駒形神社を氏神として祀ってきた。もちろん上下の区分はまだなかった。おそらく江戸時代に入ってからと思われるが、牛頭天王信仰が倉沢にも定着し、本社の様式に沿う形で菊川の両岸にあった目立つ岩を男神・女神に見立て、男神が舟に乗って対岸の女神のもとを訪れるという祭礼がおこなわれるようになった。ところが、倉沢内部の関係がこじれてきたことをきっかけに、下倉沢の人々が牛頭天王社を自分たちだけの氏神にすると主張し、独自に社殿を建立した。それが天和元年のことではなかったか。

　あらためて駒形神社を見てみる。『郷土誌』によれば、駒形大明神は、諏訪原城合戦のおりに兵乱にあって焼失し住民は富士山麓に移住した。

十数年たって帰郷したところ、村を去る時にちょうど収穫時期であったので柳の枝を折って初穂をかけておいたのが土瓶ほどの太さの成木になっていた。そこで堀、宇野などの家々が土地開拓を進めて今日に至ったのだといい、同社の享保元年（1716）の棟札には、加兵衛・六郎左衛門・長太夫の3名がみえるが、それぞれ深津・堀・宇野の先祖にあたるとする。安永6年（1777）及び寛政5年（1793）の棟札には、いずれも「鍵取」として右の3家の当主名が記載されている。すべて上倉沢の家々である。鍵取とは、神社の鍵を保管している人のことで、その神社成立に関係する人々の子孫が代々受け継いでいることが多い。さきに駒形神社は倉沢全体の氏神であったと述べた。ではなぜ下倉沢の旧家がここに出てこないのだろうか。それは、この棟札が書かれたとき、つまり社殿を新築した段階ですでに神社祭祀の上では上下の分離が決定的になっていたのだ。この上下分離の歴史はあらためて述べることとし、つぎに千框田の成立の問題に進んでいこう。

千框景観の成立時期

さきに挙げた『掛川誌稿』作成時、つまり1800年代前半にはすでに千框は見事な景観で知られるようになっていた。そこには次のような記述が見える。

棚田　上倉沢にあり、平地より高原の半腹まで、段々に切開て水田となしたる所なり、景色遠望甚宜し、棚田は山付の村には多しといへども、此所の如くなるは無し

棚田は諸方で見られるが、この上倉沢ほどの素晴らしい景観をもったものは他にないといっている。この『掛川誌稿』が作られた19世紀前半の倉沢村（行政的には上下の区分はなされていない）は、石高280石5斗5升2合、戸数71、人口は348（うち男168）である。ところが元禄7年（1694）において、すでに石高277石1斗8升8合、戸数は57、そのうち水呑17、寺2で、同11年においても石高は268石余、百姓屋

敷63軒、内百姓44、柄在家（水呑と同じ意味と考えられる）19軒で、石高に若干の減少は見られるものの、『掛川誌稿』までの百数十年間、石高はほとんど変化していない。ということは、江戸時代の前半には千框の開発がほとんど終了していたことを示している。

　千框そのものの開発に関する記録は全くないため推測に頼るしかないが、この水田の一枚一枚の規模が小さく、小規模な作業で開くことができること、また水田にとって最も重要な水利は、とくに大きな工事をしなくてすむ自然の沢水を利用していることに注目したい。こういう水田は、大規模な治水工事を伴う平地の水田とは異なり、中世において小規模な開発者によって開かれていくという例が普通である。先に見たように、今川時代に在地の有力者がいたことを考えあわせれば、その当時から少しずつ開発されていたとも考えられる。小規模な田ながらも最盛期には3000枚近くあった中で、自家の田んぼの見分け方は、上の田から流下する水の流れに連なる場所を探ればよいという。このことからも開発がまずは水源に近い場所に始まり、その水を逐次利用できるように斜面を削平しながら田を増やしていったと推定される。そして江戸時代のかなり早い時期には現在に近い景観が出来上がっていたのではないだろうか。

千框の開発経緯

　では千框の開発は、いったい誰によっていつから始められたのであろうか。そこで鍵になるのが、千框の取水口に鎮座している摩利支天社の祭祀をめぐる問題である。同社は、昔は千框田の斜面の中央（現在の梅の木があるあたりかもしれない。ただし梅の木は減反政策により廃棄された水田に植えたもので、その場所に関しては信

現在の摩利支天社

仰的意味はないという）に祀られていたといい、現在地においては上倉沢の人々だけで維持されている。しかし下倉沢の石澤イットウ5軒で祀る同族神にも摩利支天社がある。これに関して『郷土誌』には実に興味深い記述がある。

　まず石澤家の祖先は、もともとが倉沢より菊川上流にある石上村の住民で、天正の兵乱（諏訪原城合戦の頃）後に「上倉沢千框田を開拓し摩利支天社を氏神とし慶長前後に今の寺段に移りたる如し」という。摩利支天社は石上・深谷両村で祀っていたものだが、石澤氏は「此の社の分霊を千框田に祀り元禄年代後に於いて今の寺段に遷し祀れるなり」というのである。この伝承を記録した『郷土誌』には執筆年次が書かれていないが、編集者である山本茂三郎は、明治45年から大正7年まで河城小学校に勤務しており（菊川市立図書館菊川文庫の御教示による）、さらに本文中に「現近大正年代（下巻109頁）とあることから、その頃に地元の古老から聞き取った内容であろう。まだまだ豊富な伝承が残っていた時期であり、かなり信憑性の高い家伝が書きとめられたとみてよいのではないか。

　したがって、現在の千框田上部にある摩利支天社の祭祀には石澤家は全く関与していないが、当初は上倉沢の未墾であった斜面に一族で摩利支天社を祀って開拓を進めていったことになる。もちろん他の村人も協力して開田に努めたであろう。しかし、慶長頃には何らかの事情により石澤家はそこから手を引いて下倉沢の寺段に住まいを移し、やがて元禄期には摩利支天社も一族祭祀の中心として身近な場所に引き取った。この時期は先の駒形神社、牛頭天王社の建立時期に近い。しかし上倉沢の住民も旧地において開発ゆかりの同社の祭祀を続け、のちにもっとも上部にあたる取水口あたりに遷座して今日に至ったと考えられる。

　ちなみに摩利支天は中世の武士の間に広く信仰された守護神であるから武士の末裔である石澤氏が信仰したことは理解できる。だが、その摩利支天をあえて開発地に祀った理由が何かあるのではなかろうか。そこで着目すべきは摩利支天の図像が常に猪に乗っているというか、足の下に踏みつけた形で描かれている点である。山に開かれた耕地の最大の悩

みは獣害である。とくに猪の害はすさまじかった。今も近くに残る猪土居という地名は、文字通り猪除けの防護壁を築いた名残である。つまり新開田における猪の害を防ぎたいという気持ちが、摩利支天を祀る行為の背景にあった可能性が指摘できよう。

いっぽうで先に紹介した駒形神社の棟札に、深津・堀・宇野の3家が鍵取、つまり祭祀の中心になっており、なかでも深津氏の氏神とされる高根権現社の小祠が、あたかも村人を代表するようなかたちで駒形神社前にあるのはなぜだろうか。

戦国時代にはこの地域での武田・徳川の激しい戦いがあったが、その象徴となったのが諏訪原城（牧野城、牧野原城ともいう）の戦いである。永禄12年（1569）に武田信玄が築城し、その後、勝頼が再構築した堅固な城で、天正3年（1575）徳川方により包囲され2カ月後の8月に落城した。さきに見た伝承の続きを想像するに、この土地の領主あるいは有力農民は、今川滅亡後に武田氏の配下に入り徳川方と戦ったものの再び敗れ、この土地を落ちていった。そして十数年後、一族は戦乱の静まりを待って村に戻り耕地の回復と開拓に努めることになった。その後、豊臣秀吉から駿河の領主に任じられた徳川家康は、領内の村々をまとめる実力のある有力農民に対して7カ条の御定書を一斉に出して自らの支配を固めていく。上倉沢の深津家の祖先に与えられた定書（『菊川町史・近世資料編』所収）には天正17年（1589）7月7日の日付がある。諏訪原落城から14年後である。さきの伝承によれば落武者となって村を離れた十数年後に帰村を果たした深津氏は、ただちに旧支配体制を回復し、この段階ではすでに地域をとりまとめる有力農民として君臨していたことになる。

その後、関東に移封された徳川氏は関ヶ原合戦に勝って天下を掌握し、再び駿河に戻って検地を実施し土地支配の体制を固めた。その結果として作成された慶長年代（1596－1614）の検地帳から倉沢村の田畑と屋敷の所有状況を見ると、円通庵（上倉沢）と太慶庵（下倉沢）の他に名前の見えるのは35名、そのうち田畑がなく屋敷のみが2名、さらに明屋敷が7ありそれらは田畑持ち33名のうちの6名が持っている。石高

の合計は不明だが、屋敷地合計１町７反７畝８歩半について「さばか共ニ」とあるので、沢水加はまだ一村となっていなかったと考えられ、また寺の現在位置から見れば、二つの寺が一村の内として書かれているから上・下の区分はなかった。このあと、具体的にどんな問題が起こったのかはわからないが、上倉沢と石澤氏との関係が微妙になり、石澤氏は千框から撤退し、やがて本拠であった下倉沢に戻っていく。

倉沢村上下分離の理由

　次に支配関係を見ておこう。倉沢は江戸時代の初期には田中藩領であったが、宝永７年（1710）に相良藩領となり、延享３年（1746）から掛川藩領となって明治を迎えた。領主の支配単位という意味では常にひとつの村として扱われているが、古くから上組・下組という区分は存在していた。『郷土誌』によると、「新来の武人帰農者と旧来の土着者との間には人口増加に伴い生存競争上よりして種々の問題により紛争葛藤を醸す」にいたったもので、新来帰農者である堀・宇野の子孫と下倉沢の住民との間に争いが生じたためであるという。具体的には用水や入会地の利用をめぐる他村との係争のなかで、それぞれ隣接する集落が異なることもあって利害が一致しにくい状況が生じていたとみられる。

　倉沢村の上・下分離は寛政12年（1800）申年６月の「取替一札之事」（『郷土誌』下巻102頁）によって決定された。要旨を紹介しよう（上倉沢共有文書にもほぼ同文の文書があり『菊川町史・近世資料編』170頁に現代語訳つきで掲載されている）。

　倉沢村は昨年の暮以来上下の組が対立し領主にも叱られた。「当村之儀ハ数十年以来数度彼是遺恨含居候哉不宜様被思召依之此度御取扱之趣意を以て上下裾分等致し物事別々に取計候ハゞ結句納方宜敷可有御座と思召」すなわち、数十年来対立してきたが、領主（掛川城主）から年貢納入にも差し支えるということで指導が行われ、「裾分け」をすることで問題の決着をはかった。その結果、これまでのことはすべて今回の仲介者（切山村など周辺の村々）の預かりとし、村高268石４斗６升のうち、94石７斗５升６合を上組、173石７斗４合を下組とする。ただしこ

のように分割はしても対外的には村の境界は一村と考え、また他領と紛争が起きた時などにかかる諸経費はすべて助け合い一体として行動する、といった内容を確認しあった。こうして倉沢は上下に分かれ、年貢は高に応じて負担することにはなったが、領主に対しては倉沢村として責任を負う形であった。したがって行政的には倉沢村として一村の扱いを受け続けたのである。なお、この証文には「倉沢村下組　庄屋六太夫　組頭　茂兵衛」に続いて、平兵衛など36人の名が見える。この時点における下倉沢の戸数は38軒であることが判明する。

上倉沢の構成

　現在の上倉沢は、近世以来の地域に4組（奥・前・山中・宇十）、新たに耕地化された、いわゆるハラと呼ばれる地域に1組の、合計5組から構成されていて世帯数は64である。宇十組以外は地理的位置ないし地形からつけられた呼称であるが、これらは宇十組を起点にした表現である可能性が高い。すなわち宇十組は東向きの斜面に開かれていて、そこから見て、家々のかたまりの一番奥に当たるのが奥組、眼前に見えるのが前組、菊川をはさんだ反対側の丘陵部に位置するのが山中組ということになる。しかし山中組の深津家は徳川家康七カ条の証文を伝えるだけでなく、宇十組と川をはさんでちょうど正対する位置にあり、母屋裏手には樹齢数百年の巨大なイチョウの木があって注連縄を張って祀っている。この木には大きな乳根が下がっていてそれに触ると乳がよく出るといわれていた。また円通庵は同家のすぐ下にあった。いっぽう堀家の本家とされる大きな構えの家が宇十段の下にあった。同家は屋号をナガヤ、ホンヤともいい、台地上の原まで自分の地所だけを踏んで歩いていけるほどであったというが、現在は原に移転した。以上のことから、さきの駒形神社棟札に見える3家が上倉沢の最有力者として鼎立していたことがわかる。しかも、奥組では16世帯のうち堀姓が13世帯、宇十組では12世帯のうち宇野姓が半数をしめ、山中組13世帯、前組8世帯のうち深津姓がそれぞれ半数となっている。すなわち同族がほぼまとまって同じ地域に住居を構えていることがわかる。

これらの姓のうち、深津家では高根権現社（駒形神社近くに小祠がある）を単独で祀っている。宝永元年（1704）9月の棟札には「遠州城東郡上倉沢村鎰（以下不明）」とあり、寛政4年（1792）のものには「不勝治兵衛」「鍵取　深津仲右衛門」とあり、同家が代々鍵取りとなっていたことが判明する。不勝というのは合戦で負けたことを意味するが後に深津に変えたと伝える。しかし由比の倉沢から来たという伝承もあるらしい。なお下倉沢の青野家も深津家と行動をともにしたらしく、やはり高根権現社を下倉沢において同家の神として祀っている。また、宇十とは宇野十右衛門のこととされる。宇野は深津と並ぶ古い家で、武田・上杉の戦いで敗れた武田方の残党であるという。上倉沢では、このように同族が同じ場所にまとまって住んでいる様子は見られるが、共通の同族神を祀ることはない。それに対して、下倉沢では明確な同族神祭祀が見られる。

下倉沢の構成

　下倉沢は大きく寺段奥・寺段前・東峰・秋常・千駄原・千駄原東の6組に分かれる。中心は太慶庵があった寺段であり、千框田を開いたと伝える石澤家もここにある。下倉沢の大きな特徴は、同族ごとに小祠を祀っていることで、現在もそれぞれの祭日に同姓の家々の当主が社前に集まり祭祀を行っている。

　石澤氏は、さきに触れたように石上村から移住したと伝え、摩利支天社を一族の氏神とする。祠内には安永6年（1777）11月の棟札があり「鍵取　石澤儀（以下不明）」とあり、現在も石澤達功家が鍵取を務めている。また岩澤氏は、神平に日月不動を祀る。岩澤姓には二つの系統があるとされるが、不動の祭りは一緒に行う。青野氏は高根神社を祀る。同氏は上倉沢の深津氏とともに天正兵乱に際して富士山麓に逃れ、のちともに帰郷して秋常段に高根権現社を勧請したが明治期に現在地に移したという（深津氏も駒形神社近くに高根神社を祀っていることはさきに述べた）。ここに挙げた3氏の祠は、いずれも台地の末端部の小高い場所にあり、傍らにはシイやクスの古木がそびえている。また秋常段には安松

氏、上野原には加藤氏が居住し、いずれも近世以前からの土着伝承をもっている。

しかし摩利支天社を祀る石澤氏以外は、千框田の開発に関わる伝承はない。下倉沢には菊川沿いの平坦地に水田が開けており、おそらくは倉沢としてはこちらの方が早く開発されていた可能性がある。その傍証になるのが、塩留薬師の存在である。

潮海寺の伝説と倉沢

下倉沢の塩留（汐止）薬師如来堂は、今は廃寺となった太慶庵の境内にあって、菊川市潮海寺（地名）にある潮海寺と深い関係がある。潮海寺は平安時代からの真言宗寺院であり、本尊の薬師如来は奈良時代の高僧、行基の作という。潮海寺という寺の名は、境内に塩井があることによるともされ、事実、現在も祭礼時には塩井戸から汲んだ塩水で神輿や祭り当番の家を清めている。また潮海寺に通じる参道に、「ささやき橋」という赤い太鼓橋がかかっていた（参道を新幹線が通過するようになったため現在は高架橋となった）。この橋には平安時代の征夷大将軍、坂上田村麻呂（758-811）に関わる伝説がある。田村麻呂の東北地方への遠征途次、荒波によって渡海できなかったところを当寺の薬師の霊験で波が静まり、無事に凱旋できたのでお礼に参拝したところ、橋のたもとに美女が現れ、将軍

潮海寺の塩井

ささやき橋あと

と契りを結んだという伝説である（浜松市内の有玉伝説とも共通する）。

『郷土誌』（下巻305頁）によれば、潮海寺には「七十五坊ノ中、十五坊ハ広巖城山ノ中ニ建立シ、六十坊ハ川村庄中各村ニ建立セシヲ以テ、我地方一帯ハ真言宗大ニ繁昌ス、而シテ庄外ニ接スル村々ニ安置セル薬師如来ハ、所謂汐留薬師ナリ」とある（下線・句点筆者）。潮海寺の広大な寺領が他の村と接する境界に何カ所も薬師如来を安置したというのである。これが史実かどうかは判断できないが、ある時代には下倉沢が潮海寺領の境界に位置していたこともあったのではないだろうか。その際に安置された一体がこの塩留薬師だとすれば、下倉沢の歴史の古さを物語ることになる。

また元禄時代に再建された潮海寺本堂の華麗さをたたえた歌として次の詞章が伝わる。
・朝日さす夕日輝く松の根に黄金千両小判千両
・朝日さす夕日輝く此の堂に小判千両朱が千杯

これは全国共通に見られる埋納金伝承であり、事実とは認めがたいが、少なくともこの伝説を伝える場が古い歴史をもっていることを示すものである。

下倉沢には千駄ヶ原という地名がある。『郷土誌』（49頁）には、「下倉沢ノ字ニ千擔原アリ、昔附近ニ牛飼長者アリテ毎年千駄宛ノ秣ヲ刈取シニ依リテ名ヅケ、長者ノ住メル土地ヲ牛淵ト称ス（現今六郷村ニ属ス）」とある。これも各地にみられる長者伝説の一類型ではあるが、さきの「朝日さす云々」の歌も多くは長者伝説を伴うところから、元来は一体のものであったかもしれない。このあたりの歴史が平安時代にまでさかのぼることが確実であることから、こうした伝説の存在もまた地域の開発の古さを示す証拠のひとつといってよいだろう。

倉沢の棚田の背景には、遠く古代からの歴史と、開発にともなうさまざまな社会的・信仰的問題があったといえる。ここで述べたことは多くが推測による仮説であるから、研究をさらに深めることで、より事実に迫っていきたいと思う。

13. 棚田の生産暦と米作りの技術
－菊川市上倉沢　千框－

外立ますみ（静岡産業大学非常勤講師・トーリ工房代表）

はじめに

　千框の位置　静岡発のＪＲ東海道線の列車が大井川を渡ると、まもなく金谷駅に到着する。さらに金谷駅を出発すると、今まで東西に走っていた路線が南に向きを変え、約3kmほどを南北に走る。やがて、大きくカーブして再び西に向きを戻し、菊川駅に至る。金谷・菊川間を南に走行中、山あいの続く車窓が突然開け、広々とした傾斜地の水田が目に飛び込んでくる。この西向きの谷に拓かれた棚田群が菊川市倉沢の「千框（せんがまち）」である。「千框」の名は、千枚田と同意語である。この地域では、田んぼの1枚をいうのにカマチ（框）という言葉を用いる。千枚のみならず、休耕田が増え、縮小した現在も三千枚ちかいカマチがある。

　倉沢地区の概要　菊川市倉沢地区は、市域最北部の集落で、牧之原台地の西側下に位置し、粟ヶ岳（掛川市）に端を発する菊川（河川）が形成した谷あいに拓かれた地区である。現在は、上倉沢・下倉沢の2つの集落に分かれている。千框の周辺を上倉沢、そしてその南側、前記の線路が大きくカーブを描く内側付近に下倉沢の集落が存在する。

　この地区のなりわいは、主として茶栽培と米作りである。現在、牧之原台地での茶栽培は経営規模を拡大して、茶が地区の最も重要な地場産品となったのに対し、米作りは、以前から飯米を賄う程度であり、近年には作付けをやめる農家が多く縮小の一途をたどっている。

　千框の水田を所有しているのは、ほとんどが上倉沢の家々で、上倉沢

ではほかに菊川流域や山間にわずかな水田を持つ人もあった。一方、下倉沢は多くは菊川流域に水田を所有し、あとはわずかに山間に谷津田（谷間の清水などを利用して拓かれた規模の小さな水田）を持つ人がある。

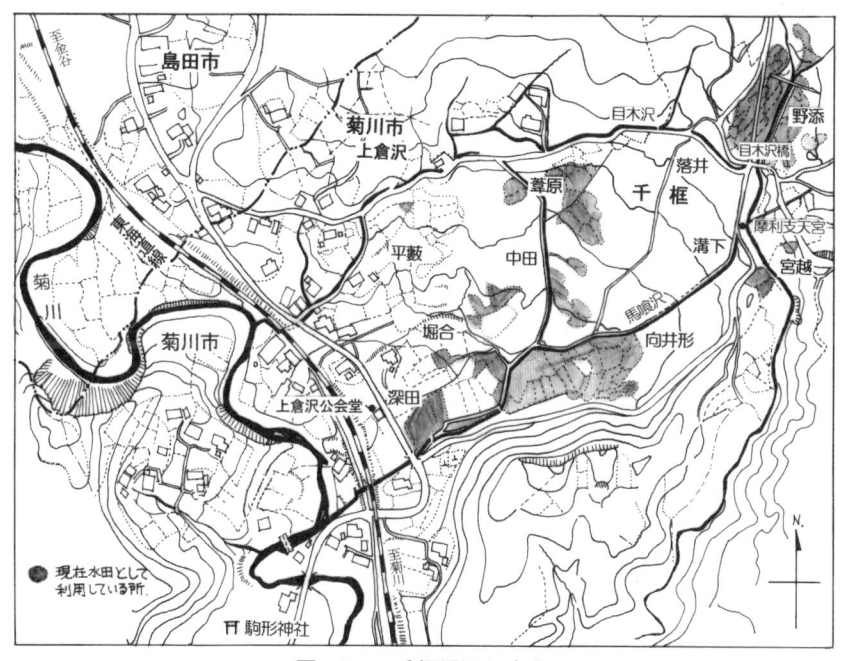

図13-1　千框周辺と小字

馬喰沢と目木沢　千框の棚田群に水を供給し続けてきたのは、千框の上、つまり牧之原台地の中腹から湧き出し、千框の底部へと流れる馬喰沢と、千框のすぐ上で馬喰沢から分流し、北側の高所である谷境の稜線を流れる目木沢である。これらの沢は涸れたことがないといわれ、いずれも千框を挟んで100メートルもあけずに菊川に合流する。

　棚田群の最上部には摩利支天宮を祀る。傍らに高さ数メートルはある常緑樹が植えられ、地元ではオテンノウサマと呼ばれ親しまれている。ここには千框への用水の取り入れ口があり、水を流さない時には木の栓で塞いでいる。

第Ⅰ章　棚田の恵みを科学する　103

現在、千框で機能している田は道路に近く、運び出しに便のよい南側斜面に集中している。つまり、南側にあっても谷という立地のため、北に低い傾斜となり、北側斜面に比べると当然日照時間が少ないことになるが、もともと昭和40年代までは北側斜面までも埋め尽くすほどの棚田が広がっており、「見晴らしがよく、女衆が陰で用を足す場所もない」ほどだったという。

千框の小字（こあざ） 千框には大きく分けて10の地名が存在する。上から野添（のぞえ）、宮越（みやのこし）、落井（おちい）、溝下（みぞした）、葦原（あしわら）、中田（なかだ）、向井形（むかいがた）（またはムカイガイトとも）、平藪（へいやぶ）、堀合（ほりあい）、深田（ふかだ）などがある。

野添は千框の上、2つの沢の分岐点より上にある田をいい、宮越は摩利支天宮の東上、落井と溝下はそれぞれ千框に目木沢・馬喰沢からの水が落ちる辺りである。そして葦原は現在、休耕田になり葦や灌木が生い茂る北側の斜面（一部個人の利用あり）、中田は千框の谷底に当たる中央部の低い場所、向井形は上倉沢棚田保全推進委員会で利用管理している農道脇の田である。さらに平藪も休耕田の北側斜面、堀合はその下の公会堂の東側である。そして、菊川に合流する手前の一番下のハス田が深田である。

田に水を入れた時の深さは、平均してくるぶしから20センチ上くらいで、中田などでは所々に膝上まで潜る深い場所もあった。深田はその名の通り、底なしの田であった。以前は9尺（約2.7メートル）ほどの丸太を沈めておき、人が沈まないようにその上を歩いて田植えをした。よそから来た嫁さんが知らずに入り深田に落ちたので助けたという話も伝えられている。

今度は地形的に底辺の深田から見ていくと、堀合や中田は腰丈以上の段差があり、石垣が築かれている。さらに向井形へは身の丈以上の高い段差で石垣が築かれ、そこから上は、ほぼ土手だけで築いた棚田となる。

台地からの湧水と溜池 牧之原台地の上を倉沢の人々はハラと呼ぶ。牧之原台地は周知の通り、幕末に士族などによって開発されてきた土地である。倉沢集落とはおよそ100メートル以上もの標高差があり、台地特有の透水性の高い土壌のため水に苦労した場所である。それゆえ、牧

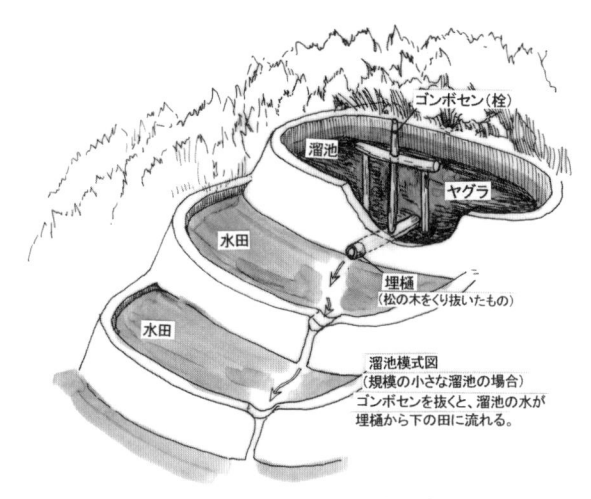

之原台地を含む旧小笠郡の丘陵地帯では、規模の小さな溜池が点在する。これは夏場の水不足に備えて高所に溜池を築き天水を溜めておき、水不足の時には池の栓を開け、用水を供給する施設である（静岡県史民俗調査報告書第7集『横地の民俗』1989年）。

図13-2　小笠地域の溜池模式図

　かつて、この地方を茶栽培が席巻する以前は、食糧としての米作りの比重は大きかったため、他地域と同様に開発できる所は水田にした。現在は谷津にも茶園が広がっているが、少しでも水利のある場所であれば、棚田であった場合が多く、たいてい溜池とセットで築かれていた。それを裏付けるものとして、脇にヤナギの木などが植えられているという。ヤナギは、細い枝を束ねて湿田から刈った稲の束を運び出すフネ（後述）にした素材であった。

　比較的規模の大きな谷津である千框でも、江戸期には用水の利用をめぐっての何度かの水論（水争い）はあったが（『菊川町史　近世資料編』170頁　1997年）、水が枯れて苦労したという話は、少なくとも大正生まれの人々の話からは出てこない。また、千框の北側上には個人で拓いた規模の小さな溜池と棚田が存在したが、千框の用水を補うためのものではなかった。

　台地から吸収された雨水などが清水となって中腹層から流れ出て、千框を潤す沢となり、やがて菊川に注ぐ。それは、台地上には表出しない豊かな地下水脈を得られる恵まれた場所であることにほかならない。

第Ⅰ章　棚田の恵みを科学する　105

生業の一年

千框の生業暦（深津家文書から） かつてこの地区の庄屋を務めた深津家に残る文書の中に、米作りの一年を綴った農事日誌「米作結果経験之一助たり」（明治28年〈1895〉）がある。当時作者が二十歳で記したものである。深津家は小字でいえば、落井と堀合（以上、千框）、屋敷下・門前に田を所有していたようである。この年の最初の田起こし（田打ち）は3月29日とやや遅めである。これは湿田のため、乾田のように二毛作（稲刈り後に麦や菜種を栽培する、一年に二回作物を育てる農法）を行わないためである（但し、堀合では大麦を栽培したと記している）。そして当時の栽培品種として、「三ツ粒成」「赤穂」「笹二本」「黒餅」「農学糯」「北國七夜前」「加賀早稲」「土佐」「赤坊」を挙げている。

脱穀までの日程は、4月19日まで各田の畦塗り・田打ちを行いながら苗代を造り、27日に苗代に籾蒔きをしている。その間、田放り（田の土をならして高低差をなくす作業）をし、6月9日から22日頃まで各田に肥をほどこしながら、加賀早稲から始まって、順次田植えを行っている。

6月28日から7月17日にかけて田草採り（一番草）を終えるが、そこから間をあけずに7月末日まで二番草、そして8月は畦草刈りをしながら23日まで三番草が続き、28日から9月半ば過ぎまで石灰を使った各田の害虫防除を行っている。10月に入ると2日から土佐・加賀早稲・赤坊などの早稲種の刈り取りが始まり、同時に（夜業として）「扱き・臼引き」などの脱穀調整作業を行っている。続いて22日より黒餅刈り、さらに11月半ばから晩稲の三ツ粒成・笹二本・赤穂・農学糯などを刈り、19日に刈り終わりとなる。そして12月1日に「漸く(ようや)コキ稲（脱穀）終わる」と記している。

分散するカマチが細かく、その数量も多いうえに、少人数で作業をしているため、1つの作業期間が前後と重なり長くかかっていることがわかる。現実にはこの日程の中に、さらに茶栽培や畑作などが入るのである。

ちなみに記録には、米を収穫するまでの総人工は252人、肥料は旱

（干）草・青草共に426束、厩肥20荷、畑草7荷、苗代に入れた水糞12荷（1荷は天秤棒で担ぐ一対の単位）、殺虫用の石灰6升分とあり、そこからあがった米の収量は30俵で、半分を小作の取り分としている。

泥と向き合う　―米作りの技術―

　千框の米作りは端的にいえば泥と向き合う作業であり、傾斜地での作業であるといえる。ここでは、千框での米作りの過程で、技術的に特徴ある事柄を農具とともに紹介する。

　三俵成し　千框の米作りが大井川流域などの平野部の田と比べ、最も異なることは、傾斜地のために土地の制限があり、たとえ地所を広く持っていても、大小様々なカマチがひしめき合っていることである。「うちは9畝〈1畝＝約100㎡〉で98枚のカマチを持っていた」とか「うちは150幾枚かのカマチがある」「1反5畝で50カマチ」など、総面積を計算するにも気が遠くなりそうな数である。このような場所では、1区画の中では水がよその田へ出ることがないように造られているので、自分の家の田を見分けるには、一番上と一番下の田を記憶しておけば、あとは水口でつながっていくのでわかるそうだ。

　さらに、カマチを区画でとらえた時、「ここは三俵成しの田だ」などという言い方をする。「三俵成し」というのは、かつての年貢の申告量（あるいは地主に納める量）で、実際にはこの2倍のおよそ6俵程度の収穫が見込まれる区画をいう。

　（参考：耕地整理が進んだ平野部などでは、1反（300坪）の収穫高で計算し、10俵の収穫があるとセドリ〈畝取り、1畝で1俵採れること〉といい、そうなれば豊作である。千框では1反に換算すると6俵どまりであったという）

　畦を造る技術　3月後半から4月半ばの水がぬるむ時期になると、ハルタ（春田）といって田の土を起こし、同時に畦を造りなおす畦塗りの作業を行う。棚田の畦は崩れると水も土も下の田に流れ落ちてしまうため、とくに丈夫にしなければならない。

　畦塗りは、まず「アゼガワを剥く」といい、畦の表面を切る。去年の

畔を6割残し、内側の4割は斜めに切り落とす。そして畔の内側の田の泥を足でこね、鍬で上面と側面を塗っていく。そして水を落としやすい所に水口を設ける。1人1日20カマチを塗るのが精一杯で、延々と何日も行った。毎年塗り直しをしてもモグラなどに穴を開けられ、長年の使用で畔は老朽化する。崩れると下の田と合わせてしまったり、カマチが小さいと仕事の効率が悪いので少しずつ統合して広げていったという人もある。

　冬期湛水と土壌　平野部の乾田では、田起こしから始まり粘土質の強い土塊を細かく粉砕するための作業手順があり、その土作りの作業に多くの時間と労力を費やしている。冬場は田の泥をよく乾かし、風化させることで粘りのある田の土をコナシやすく〈粉砕しやすく〉する。そこまでの土作りで米作りの半分を終えたほどに重労働な仕事であった。

　それに対して、千框では、冬場にも水を張っておき、田起こしもドブドブした状態で作業を行うので、乾田ほどの重労働はない。なぜかというと、この地の土壌には浸透性の高い砂礫と粘土とが混在しており、冬場の乾燥期に水を入れておかないと、たちまち田床に「笑み（ヒビ）」が入り、水が漏るようになるからである。なかには、水が漏るので作り土をはねて（除いて）おき、床を搗き直した人もあった。このような必然的な理由から、千框では冬期湛水を行ってきたのである。

　田打ちと泥除けのテイデイ　泥田を耕すことを田打ちともいうが、田打ちの時には、「放る」といい、泥を放りながら田面を平らにならす作業も行う。そして肥料を緑肥に頼っていた時代は、少し干した青草を田一面に広げておき、泥の中にうない込んだ。前年の稲株も天地返しをするようにうない込むのである。土の流出にはとくに気をつけ、耕すにも用水の流れでいう下から上へと行った。

　千框で用いられてきたかつての鍬は、田打ちも畔塗りもほぼヘラグワ一本である。ヘラグワは木製のヘラ（本体）の先だけに鉄の刃をはめ込んだ鍬で、ヘラを風呂というところから、風呂鍬ともいう。水のついた状態で鍬を振ると泥が跳ねて自分にかかる。これを防ぐためにテイデイ（停泥）という、ザルのように竹で編んだ四角いカゴを鍬の柄にはめ

て泥除けにする。

　テイデイは、静岡県中西部の湿田ではわりあい古くから用いられてきたもので、近世の絵図や田遊びなど農作業を模した民俗芸能にも見られる。県内に残る絵図としては、大須賀町（掛川市）三熊野神社所蔵の田遊びの祭礼絵図があり、行列の中に蓑笠を着け、テイデイを差した鍬を担ぐ2名が確認できる（『静岡県史』別編1　民俗文化史15頁）。また、袋井市の法多山尊永寺で毎年正月七日に行われる「法多山の田遊祭」の第4段「田打ち・うしほめ」の演目で、田打ちの兄弟役が木製の鍬を担いで登場するが、その鍬の柄には台形に切った伸し餅を掛けており、これをテイデイと呼んでいる。

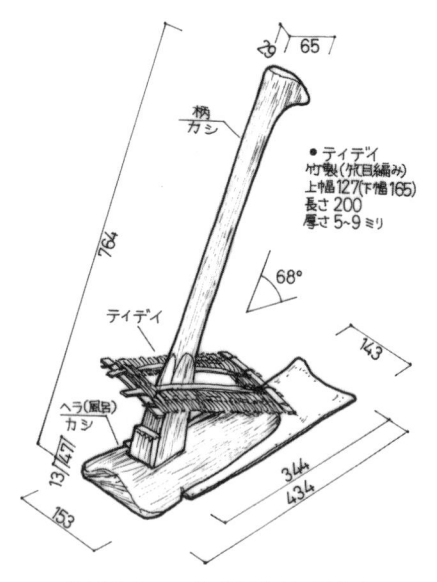

図13-3　ヘラグワとテイデイ

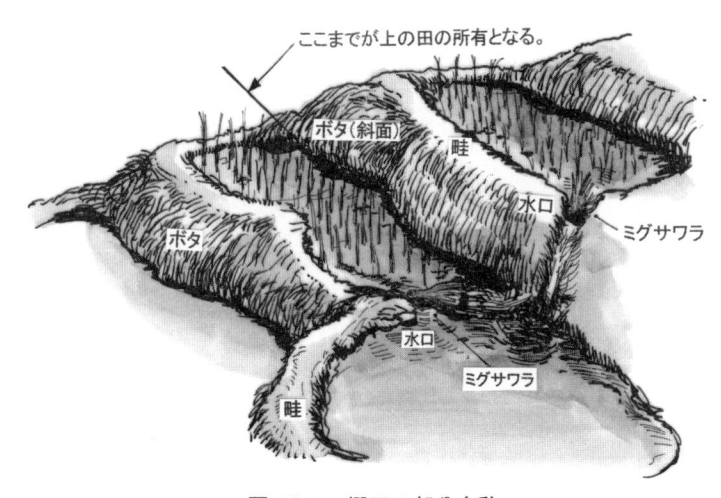

図13-4　棚田の部分名称

第Ⅰ章　棚田の恵みを科学する　109

ボタクサカリと青草　棚田ののり面をボタ（ドイ、ガケ、キシとも）といい、ここに生えた雑草を刈ることをボタクサカリという。また、畦の上や田中の雑草を刈ることを、アゼクサカリという。

　入梅どき、ボタや田の周りの畦草、千框の上の山の草を刈っては緑肥としてそのまま田へ入れる。刈ったものを束にすると、男衆は両側の尖ったツットーシボー（突き通し棒）に刺して運んだ。女衆もハラや山で刈ったやわらかい草をショイコ（背負子）で運んできて田に入れた。これは雨降りの日の仕事である。

田植えと除草　八十八夜前後は茶摘みの繁忙期なので、5月末から6月に入ってから田植えを行った。以前は麦（主に大麦）の収穫もあったので新暦の七夕の頃までずれ込むこともあった。

　田植えの日は、早朝からオチャノコ（朝飯）までに年配の女衆がナエドリをすませる。苗を太さ数センチくらいの束にまとめていく仕事である。田植え前にオイベッサン（恵比須棚）にひとつかみの苗を供え、「今日は植え始めをするで、オサクラのご飯（醤油を入れて炊いた飯）を炊いとくずら」などといい、その仕度をして女衆も田植えに出かける。田植え前には、水口祭といって、水口にイボタの枝（和名ネズミモチ）を挿した。苗運びは主に男衆が行うが、中学生くらいの子どもがあれば手伝い、苗束を田の中に放り投げて配った。

　小さなカマチは見当で植えるが、大きなカマチでは、姑と嫁など2名が中央から互いに反対方向へ後ずさりをしながら植えていく。まず、植え幅を整えるために縦に縄を張り、さらに等間隔で苗を植えるための尺棒（4尺程度、長さ約1.3メートル）を手前において植える位置の目安とする。尺棒には7寸5分〜8寸（約25センチ）ごとに印をつけてある。また、天秤棒に印をつけ、尺棒を兼ねるものもあった。

　尺棒を置いて二人が植え始めるための「中央」を決めるのは姑であった。なかには中央とは思えない位置に尺棒を置かれ、姑が少しだけで嫁はたくさん植えさせられた、などということもあったそうだ。

　苗は2、3本を採り、人さし指と中指に挟んで泥の中に挿していく。

写真1　ツットーシボーで担ぐ　　写真2　縄を張り、植え幅を確保する

浅植えがよいといい、その方が苗がモテル（株が育って増える）という。

　泥田での刈り取りとカッチキ　刈り取りの頃、水路の栓をして水を断っても乾燥しないミズッタ（低湿田）では、足を取られて難儀した。カマチが小さな田は刈った稲を畦に載せておくことができたが、比較的広いカマチの田で、しかもぬかるみがひどいところでは、稲を運び出すことが容易でなかったため、カッチキ（刈り敷）といって、木の枝や笹を束ねた筏のようなフネ（幅1.5×長2メートル程度）に載せて岸まで運び出した。また、田から農道までの運び出しには、ツットーシボーに刺し担いで出した。

　刈り取りの後、ハズ（細い丸太で組んだ干し場）に掛けて一週間ほど天日で干すと、脱穀をして籾を取る。取った籾は、一日に2、3回手でかき混ぜながら、2日くらいかけて十分に干し、カラウス（唐臼）で籾摺りをして玄米にした。

第Ⅰ章　棚田の恵みを科学する

藁の利用

　残った藁は様々な用途に使える素材なので、大切に蓄えておく。数本ずつの藁の先どうしを縛り、これで藁束を大きく丸けておく。これらは縄を綯(な)ったり、草履・俵・莚(むしろ)を編んだり、サツマイモの苗床を造る材料

写真3　スガエを背後につけて刈る

にしたり、チャグサといって芽とともに茶畑に敷き込むと雑草を押さえ、やがて肥料にもなる。農作業で利用されるばかりでなく、地の神さんの祠作りや正月のお飾りの材料にもなる。

　ミグサワラ　現在の田植えでも見ることができるが、棚田の畦を守るための工夫として、ミグサワラ、ミナグチワラといって、ひとつかみの藁を二つに折り、小束にしたものを水口に置く。これは下の田に急激に水が入り水圧によって田をいためるのを緩和するための工夫である。そして、水口がそれ以上下がらないように、また耕土が流れるのを防ぐ役割もする。「やたら水口を切ると三ツ口の子が生まれる」などという俗信もあり、いかに畦周りに気を使っているかうかがい知ることができる。

　スガエ　稲刈りの時に、刈り取った稲株を束ねるための縄がある。4、5本のワラシベを2つに分け、先の部分だけを縄を綯(な)う要領で撚る。この簡単な縄をスガエとかスガイという。スガエは掛川・袋井・浅羽・福田など静岡県西部の水田地帯で広く用いられている。これを稲刈りの頃までに夜なべをして大量に作りためる。

　稲刈りの日、刈り手はスガエの束を腰から背後につけて、刈り取りを行う。稲を刈り取るとすばやく後ろからスガエを引き出して束ねられるのである。束ね方は、刈り取った3、4株ずつを交差させ、スガエでねじり込むだけの「ねじり込み」にする。交差させておくのは、こうすることで、ハズに掛け干しにする際に、自然とふた手に分かれ、竿に掛けやすくなるからである。また「ねじり込み」も結んでいなくてもしっか

りと結束するが、一端を引っ張れば、すぐにほどけるまとめ方で、その後の脱穀作業にすばやく仕事ができる工夫である。一つ一つの技術がいかに能率よく次の仕事に移れるか考えられているのである。

14. 里山の文化遺産 －田畑地区の棚田跡

小野寺秀和（竜ヶ岩洞支配人）

はじめに

　浜松市北区引佐町田畑は、浜名湖の北東6kmにそびえる標高359.1mの竜ヶ石山南西麓に位置し、現在36軒が住まう小集落である。地区内には数多くの棚田跡が認められるが、平坦地の少ない山郷にあって、それらはむしろ沢の上流部ほど多く存在する。

　私は、これらの棚田跡を小字の研究過程で知った。かつての田畑地区には田にまつわる小字が多く存在するが、里山での棚田跡もさほど珍しいものではないのかもしれない。しかし、昼なお暗い山林に分け入り、累々と積み上げられた棚田の石組みを見たとき、私はその迫力に圧倒され、目まいのするような感動を覚えた。

　その中の特に、白樫と入ノ田地区にある棚田跡を紹介したい。

田畑地区の遠景と白樫、入ノ田の位置

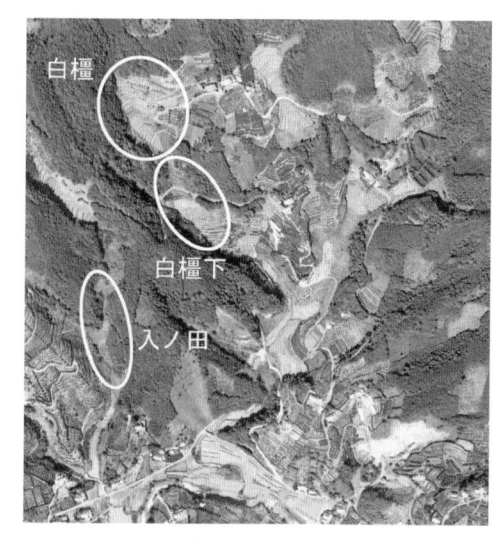

左：田畑地区の上空写真と棚田跡の
　　位置
1976年（昭和51）当時

国土交通省 国土画像
CCB－76－20 1/10000 使用

白樫（しらかし）地区の棚田跡

　白樫の棚田跡は、田畑地区で最も高い位置にある棚田で、標高200～250mの範囲に拓かれている。棚田の上段は20年ほど前まで耕作されていたが、下段にいたっては40年ほど前に耕作放棄され、後に梅畑などに耕作転換されたという。今では葛葉が梅の木や雑木をすっかり覆い隠し、人の踏み入る余地もない。しかし、雑草の下には沢の地形を巧みに生かした棚田が、ざっと50枚は存在すると思われ、白樫地区全体では70～80枚、50～60アールに及ぶものと思われる。先人たちが苦労を重ねて築き上げた貴重な文化遺産が、葛葉の中に丸ごと埋もれているのである。

　石を巧みに並べた水路や石組みの暗渠が認められ、積み石の中には、とても一人や二人では動かせない大石が使われていたりする。棚田が一軒単位で作られたのではなく、数軒の共同事業として行われたことを、これらの大石が物語っている。聞くところによれば、一昔前まで地普請講という講があり、隣保どうし互いに協力し合って、山間斜面に棚田を拓いていったという。1年に一枚ずつ新たな棚田が拓かれるので、5軒の講だと5年に一枚ずつ自分の取り分となる。一代で、5～6枚の棚田

第Ⅰ章　棚田の恵みを科学する　115

が資産として増えることになる。

　20年ほど前までここで米作りをした人の話では、白橿で穫れた米は田畑地区で一番美味かったという。冷たい湧き水、昼と夜の温度差、そして周辺の落葉が生み出す養分が、うまい米を育てるのであろう。

白橿の棚田跡の下部は完全に雑草で覆われている

　扇形に広がる白橿の棚田が、沢の両岸に迫り出した巨岩によっていったん括られたその下に、さらに棚田跡は続く。白橿下の棚田跡である。
　杉林の薄暗い山の斜面に足を踏み入れ、私は目を見張った。
　50～60年前まで耕作されていたという棚田跡が、林の中に良好な状態で残されていた。地形に合わせて積み上げられた畦の石組みは、高さ数十センチから2メートルを超えるものまであり、一抱えも二抱えもあるトン級の大石や露岩が巧みに取り込まれ、小さいものは握り拳大から果てはピンポン玉ほどの小石に至るまできっちりと積み上げられていた。幅約50メートル、奥行約200メートルの範囲に、大小百数十枚の棚田跡が確認できる。
　歩くのもままならない山間の傾斜地に幾重にも積み上げられた棚田の石組みは、圧倒的な存在感をもって鎮座していた。

トン級の大石から小石まで見事に
積み上げられた白樫下の畦の石組み

入ノ田地区の棚田跡
　次に紹介する入ノ田の棚田跡は、白樫の棚田の西側尾根を一つ越えた沢にある。「谷の奥まった所にある田」を意味するこの小字は急傾斜の沢にあり、沢水の流路には大きな転石が随所にみられるなど、荒々しい地形となっている。

　沢筋に残る棚田の連なりは50段以上に及び、畦の石組みは、巨大な転石や沢の流路に張り出した岩盤を巧みに取り込んだ方法で積み上げられている。畦の一部は、沢水で崩れてはいるものの、少し手を加えるとすぐにでも田植えが出来るかのように泥と水を蓄えている。

　それらの石組みは、白樫や白樫下の整然と積み上げられたものとは異なり、一見すると動的で荒々しい積み方ではあるが、これは入ノ田の険しい地形に極めて柔軟に対処した結果といえよう。数トンはあろうかと

沢水を堰き止めるダイナミックな入ノ田地区の棚田の畔

沢の巨大な転石がそのまま取り込まれた棚田の石組み

巨石を生かした芸術的な石組み

思える転石や岩盤と、その曲線に沿って積み上げられた小石の絶妙な組み合わせは、芸術作品を思わせるものである。

いよいよ沢幅も狭くなり、最上段の棚田を登り詰めた時、ひとつの疑問点が浮かんだ。

田畑地区に見られる棚田跡は、沢水の流路に沿った斜面に畦を築き、そこに水を引き入れる形での棚田がほとんどである。しかし入ノ田の棚田は、まさに沢水の流路そのものをダム状に堰き止める形で棚田が築かれている。しかも沢の傾斜が比較的きついので、降雨時の増水で棚田が流されてしまう可能性が極めて高い。にもかかわらず、何十年も前の石組みが、ほとんどそのままの形で残されている。

周辺の地形を観察すると、沢の西側斜面の中腹に幅1mほどの水路が目に入った。増水時にはかなりの水量が流れるようで、床面の土石の堆積はほとんど見られない。水路の断面はきれいなUの字型を成し、しかも水路の側面が所々石で補強されているのが分かる。水路をたどってゆくと、上流からの沢の水が分岐する場所に行き着いた。

そこで、やっと謎が解けた。

この水路は人工的に掘られた増水時における排水用のバイパスであり、上流からの沢水の流量をこの分岐点で調整することによって本来の沢筋に構築した棚田の流出を防いでいたのである。

このバイパス水路は、沢に築かれた棚田群を迂回する形で約100m続き、最下段の棚田の先で再び沢水と合流していた。先人の知恵と労苦が、生産性のない荒れた沢を実りある棚田に変えたのである。

この棚田には、爪に泥を蓄えることもなくスーパーで買った米を食べる私には、想像すらできない先人達の苦労のドラマが秘められているに違いない。

まさしく、これらの棚田跡は地域の誇れる文化遺産であり、後世に伝えなければならない貴重な地域資源の一つである。

第Ⅰ章　棚田の恵みを科学する

荒れた沢を棚田に変えたバイパス水路　一部に石組みが見られる

おわりに

　山間の傾斜地に築かれた棚田は、その効率の悪さから、今や雑木の生い茂る猪のヌタ場となってしまった。満足な道具のない時代にあって、山間の急斜面に大石を動かし積み上げていった人たちの思いが、これらの畦石に込められている。石組みに手を触れると、先人たちの労苦が偲ばれ、目頭が熱くなった。

　山間に残るこれらの棚田跡は、単に前時代の農業土木技術を今に伝える遺物としての価値だけではなく、この棚田を築き上げてきた集落内の共助の在り方や、あるいは山村の経済を根底で支えてきた農村文化の要諦を、今に伝え未来に語り継ぐ貴重な遺産であるといえる。

　やぶ蚊と蜘蛛の巣に閉口しながら、昼なお暗い山林に分け入り、これらの棚田跡を初めて見た時の感動を、私は忘れない。

15. 遊びの場・学びの場としての棚田 *

稲垣栄洋・大石智広（静岡県農林技術研究所）

　地球温暖化や緑地の減少、食糧の不足など世界規模で深刻な環境問題が引き起こされる中で、地球環境と調和した暮らしのあり方が求められている。

　環境教育では「グローバルに考え、ローカルに行動する」という発想が重要であり、グローバルな環境問題に対して、まず身近なローカルな問題から始め、ローカルな環境からグローバルな問題へ目を向けることが大切であると考えられている。

　日本では水田はもっとも身近な自然環境であり、原風景の1つでもある。これまでの水田は、米を生産することのみを重要な命題として扱われてきた。しかし近年では、水田は米を生産するだけでなく、それ以外にもさまざまな機能を有していることが指摘されている（OECD2001, 2003；The Science Council of Japan 2005）。これは多面的機能と呼ばれている。水田の多面的機能には大きく分けて、ハード面とソフト面とがある。ハード面の機能には、地下水の涵養や洪水の防止などの機能が含まれる。一方、ソフト面の機能には保健休養機能や生物多様性の保全や文化の保全、景観の保全が含まれている。また、子どもたちの教育的役割も含まれており、日本では、水田を米生産だけでなく教育の場、遊びの場として活用する「田んぼの学校」も試みられている。

---

* この報文は「Inagaki et. al (2009) Rice terraces as a setting for education on environmental sustainability. GEE Book」を日本語訳し改筆したものである。

棚田は面積が小さく、米を生産する上では経済効率が悪いことから、これまで条件不利な場所と位置づけられてきた。しかし棚田は、本当に価値のない場所なのであろうか？　環境教育の観点から見ると、棚田はじつに優れた場所として評価できると我々は考えている。環境問題が深刻化する中で、環境教育の重要なキーワードとして「多様性」「持続可能性」「自然との共生」の３つが挙げられるが、棚田はこの３つのキーワードを学ぶ場としての条件を整えているのである。

　そこで、ここでは、水田の教育的効果について紹介しながら、生産の場としては条件不利である棚田が、教育の場として優れた機能性を有することを評価してみたい。

棚田の生物多様性

　水田は多くの生き物のすみかになっていることが指摘されている。しかし近代的な農業は、水田にすむ生物を排除する方向で発展を遂げてきた。

　一方、子どもたちの体験の場として考えたときには、生き物がいない水田よりも、生き物がいる水田の方が子どもたちの関心が高い。また、生物の生息環境としての自然の仕組みを学ぶ上でも重要である。その点において棚田はカエルやトンボ、ホタル、水生昆虫などの生物種が特に多く、子どもたちが多くの生き物と出会える場となっている。

　第Ⅰ章-１（12ページ）ですでに明らかにしたように、水田の中でも棚田は多くの生き物が生息する環境を整えている。また、赤とんぼやカエルなど田んぼにすむ生き物の多くが、農業などの人間の暮らしとかかわりのある生活史をもつ身近な生き物である。そのため、棚田は生物多様性や、自然と人間の生活との関係を学ぶ場として優れているのである。

棚田の文化の多様性

　日本の慣習や季節行事、食文化などの多くは稲作を起源としている。たとえば、新年には稲藁を編んだ注連縄を玄関に飾り、豊作を祈る。また、春に桜の花を楽しむ花見や秋に満月を観賞する月見も農作業の英気

を養ったり、収穫を祝うためのものであった。さらに、地域の祭りの多くは豊作を祈り、収穫を祝うことに起源を持っている。このように、稲作技術とともに多くの地域の伝統文化や季節行事が伝承されている。

　また、近代化の中で農業技術は普遍化される方向にあるが、棚田は地域の自然や風土の影響を強く受けるために、伝統的でローカルな技術が伝承されていることも多く、棚田では地域それぞれの豊かな文化を見ることができる。

田んぼの自然とは何か？

　田んぼは美しい日本の原風景として人々に親しまれてきた。そして、子どもたちは田んぼで自然に触れ、自然に学ぶことができる。しかし、我々はここで改めて問う必要があるだろう。田んぼは本当に自然だろうか？

　人間の手が入らない自然を一次的自然というのに対して、田んぼのように原生自然が破壊された後に成立した自然を二次的自然という。これまで、二次的自然は本来の自然が破壊された場所であることから、その価値はあまり重要視されてこなかった。しかし、近年では、二次的自然は特有の生物相を有し、むしろ二次的自然の方が豊かな生物多様性を有するとされている。

　さらに、水田は単に二次的自然として評価されるだけではない。水田は米を生産するために人間が造成し、維持している極めて人工的な場所である。それにもかかわらず、人々は田んぼの風景に美しい自然を感じずにいられない。じつは、このパラドックスこそが田んぼの持つ重要な特徴の一つである。

　管理された人工物でありながら、極めて高い自然性を有しているのは、水田が長い時間をかけて自然環境と調和してきたからに他ならない。また、トンボやカエルなど水田にすむ生物は、日本人の原風景を構成する身近な生き物である。このように田んぼは、人と自然の調和の産物として、私たちに心地よい空間を提供してくれているのである。

水田の歴史と持続可能性

　日本における水田の歴史は3000年以上前にさかのぼる。はじめは水の豊富な沢に沿って水田が拓かれたと考えられている。その後、山間地に水田を造成する技術が発達し、棚田が拓かれるようになった。現存する棚田の多くは300〜500年前に作られたものである。そしてその後、治水技術の発達とともに、近世では平野部の後背湿地に広大な水田が拓かれたのである。

　水田環境は長い歴史の中で維持されており、未来永劫、維持していくことができる持続可能なシステムである。水田は水を流すために連作障害が起きないことで特徴づけられる。また、特に伝統的な水田管理では、畦の草を刈って田んぼの肥料として活用し、稲藁を使って身の回りの生活用具を作った。まさに自然の恵みを最大限に活用した循環システムだったのである。

　人と自然とが長い時間をかけて作りあげてきた調和の産物である「田んぼ」。そこには自然の営みの中に人の暮らしがあり、人の暮らしの中に自然の営みがある。そして、田んぼのある暮らしには、長い歴史の中で積み上げてきた先人の知恵が満ちている。田んぼの伝統的な循環型生活を学ぶことは、私たちが未来への課題としている「自然との共存」のモデルとなるべきヒントを見つけることにもつながるのではないだろうか。

食育の場としての水田

　これまで見てきたように、棚田を含む水田には豊かな自然環境や文化があり、持続可能性がある。しかし、教育の場として棚田が重要な理由はそれだけではない。棚田は、人々が食べる食糧を作り、人々が住まうという、地球環境で人類が生きていく上でもっとも重要な要素を含んだ社会的環境でもある。子どもたちは自然や伝統的文化を学ぶだけでなく、イネを育てて食べるという、複雑な現代社会の中で感じることの難しい生きる基本を体感するのである。

　田んぼの体験は、田植えや稲刈りなどの農作業体験や餅つきなどの食

文化の体験にとどまらない。たとえば、田んぼの体験では、私たちがお茶碗1杯のご飯を食べるために、2株のイネが必要であることがわかる（稲垣ら，2003）。また、私たちが1年間に食べるご飯を生産するために120aの田んぼの面積が必要であることがわかる。こうして、自分が生きていく上で必要な太陽、水、土などの自然の恵みや食を理解するのである。また、宇根（2001）は、食と自然環境を結びつけ、「お茶碗1杯のご飯を食べることで、おたまじゃくし35匹が保全される」という新たな論理を提案している。

このように水田では単に自然や環境を学ぶだけではなく、食を通じた命のつながりや、自然と人の暮らしとのつながりを学ぶことができるのである。

田んぼの体験活動が子どもたちの環境認識に及ぼす影響

これまで見てきたように、水田は環境教育の場として学ぶべき多くのことを提供してくれる。それでは、水田における環境教育は子どもたちに何をもたらしてくれるのだろうか？

田んぼの体験による農業に対するイメージの変化

授業の一環として、1年間に7回の水田体験を行う小学校5年生112名を対象に、体験前の4月と1年間の体験を終えた翌年の2月にエレメント想起法によるアンケートを実施し、「農業」からイメージする言葉を10個以内で記入させた。1年間の水田体験は、田植えや稲刈りなどの農作業体験、田遊びや生き物観察などの遊び体験、かかし作りやもちつきなどの文化や食の体験である。その結果、農業体験を開始する前の4月には、「農業」に対して「米」や「野菜」など農産物の占める割合が多かったのに対して、1年間の体験を終えた翌年2月には、言葉の種類が豊富になり、「緑」「土」「水」「メダカ」「トンボ」などの身近な自然や生き物に関する言葉が増加した（図15-1）。また、「ごはん」など食に関する言葉も増加する傾向にあった。さらに回答された言葉から形容詞を抜き出したところ、体験前は「きたない」「大変」などネガティブ

な言葉が多いのに対して、体験後は「楽しい」「大切」などのポジティブな言葉が増加した（図15-2）。また、「やわらかい」「風の音」「土のにおい」など五感に関係する言葉も著しく増加した。

同地区の中学校1年生と2年生、計118名を対象に同じ調査項目でアンケート調査を行った。この中学校において、先述の水田体験を行う小学校の出身者と、農業体験のない生徒とで比較した。その結果、小学校時代に農業体験のある中学生は、先述の体験を終えた小学生と同様の傾向を示し、「農業」に対して豊かでポジティブなイメージを持っている傾向にあった（図表省略）。このことから、小学校時代の田んぼの体験によるイメージの豊かさは一時的なものではなく、中学生になっても持続していると考えられる。

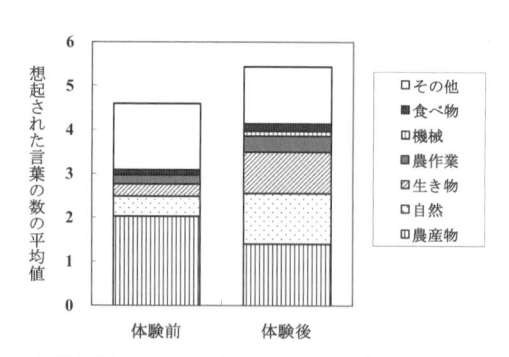

図15-1　1年間の農業体験前後での小学5年生の「農業」から想起される言葉の変化

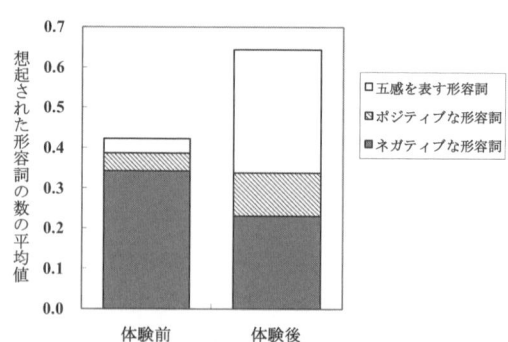

図15-2　1年間の農業体験前後での小学5年生の「農業」から想起される言葉のうち、嗜好性や感覚に関する形容詞の変化

田んぼの体験が身近な自然や地域に対する認識に及ぼす影響

　水田で得られる体験は、単に農作業にとどまらず、身近な自然や地域の文化、歴史など多岐にわたる。それゆえ、水田の体験が子どもたちに及ぼす影響は、単に農業のイメージに対してだけではない。

　先述の中学生を対象に行った調査では、小学校で農業体験のある中学生は、田んぼの体験のない中学生に比して「自分の住んでいる地域が好き」の回答が有意に多かった（図15-3）。また、同様に「身近な自然の生き物が好き」「農業に関心がある」「農業体験してみたい」の回答も農業体験を行った中学生で多かった。

　さらには、小学校で農業体験を行った中学生は「身近な自然を守るために何が必要だと思いますか？」という質問に対して、より多くの項目を回答し、その回答には、「多くの人が環境を守る心を持つ」、「多くの人が環境保全活動に参加する」など「環境意識の高まり」や「緑をふやす」「緑を育てる」ことが重要であるというものが多かった（図15-4）。

　現代の子どもたちの生活の中で、身近な自然や自分たちの地域を知る機会は多くない。その点で、水田の体験は、身近な自然や自分たちの地域を学ぶ機会となることも期待される。

おわりに　─田んぼと子どもたちの未来のために─

　メダカが絶滅危惧生物となったというショッキングなニュースが流れたのは1999年のことである。メダカはかつてどこにでもいた身近な生き物であり、子どもたちの身近な遊び相手であった。しかし、ありふれたメダカがいなくなってしまうほど、私たちを取り巻く環境は知らないうちに変化しているのである。私たちが身近な自然の変化に気がつくことは、地球規模の環境変化を理解する上で重要である。

　かつては、さまざまな地域でさまざまな特徴をもつ棚田が作られてきたが、効率化や経済性が重視される中で、棚田は姿を消しつつある。また、かつて田んぼは子どもたちの遊びの場であり、学びの場だった。子どもたちは自然の中で遊んだり、田んぼの作業を手伝いながら多くを学んだのである。しかし、田んぼで遊び、田んぼを手伝う子どもたちの姿

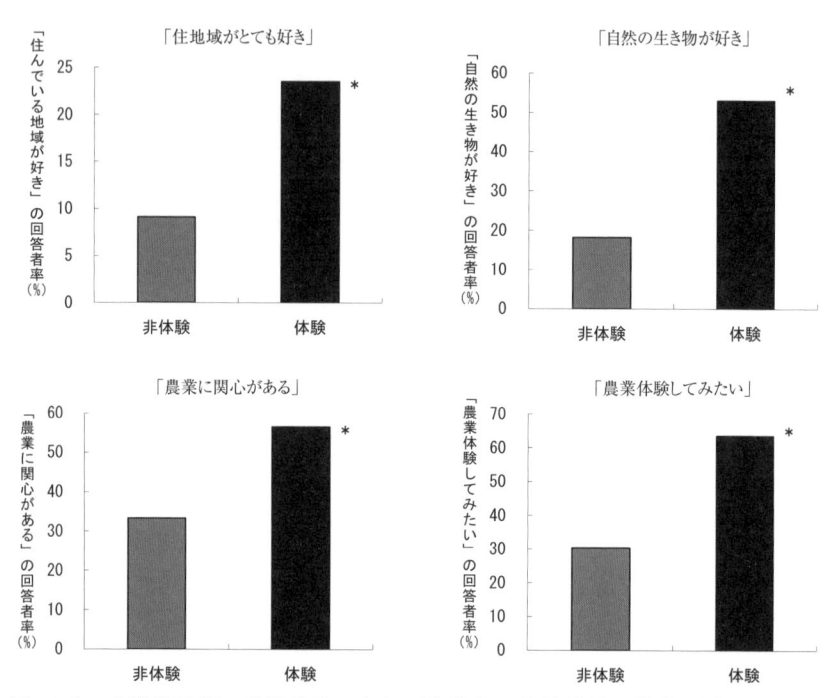

図 15-3　小学生時代の農業体験の有無が中学生の自然環境や農業に対する印象に及ぼす影響
　　　　＊：カイ 2 乗検定 5％水準で有意差あり

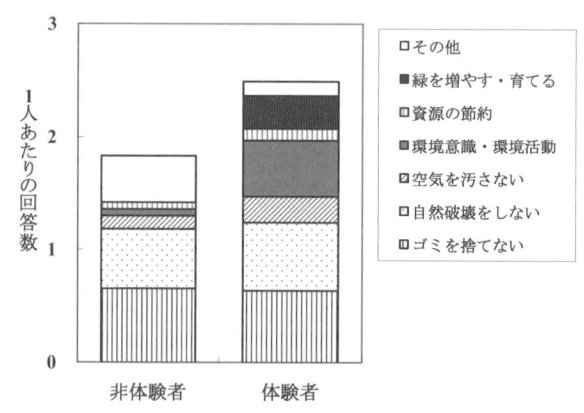

図 15-4　「地域の環境を守るために大切なこと」という質問に対する中学生の回答に見る小学生時代の農業体験の有無の差異

もまた過去のものになりつつある。私たちの身近なところで環境が大きく変化している。もしかすると、棚田も子どもたちもまた、メダカと同じように身近な自然の中で絶滅が心配される存在なのかも知れない。

　これまで見てきたように、小さな田んぼは、未来に向けた環境教育に多くの視点を提供してくれる。そして、子どもたちは田んぼの小さな世界から、多くを学ぶことができる。田んぼと子どもという小さなつながりが、田んぼと子どもたちに多くをもたらし、地球規模の環境問題を解決する確実な一歩になることを期待したい。

　田んぼで得られる大いなる実りは、単に米だけではないのである。

〈引用文献〉

Connel, J.H. 1978. Diversity in tropical rain forests and coral reefs. Science. 199：1302-1310.

Inagaki, H., K. Matsuno, T. Ohishi, T. Takahashi. 2008. Effect of ridge mowing on population density of wolf spiders in rice paddy field ridges. Abstract of British Ecological Society Annual meeting 2008. 63

稲垣栄洋・松下明弘・栗山由佳子．2003．田んぼの教室．家の光協会

OECD. 2001. Multifunctionality: Towards an Analytical Framework, Paris

OECD. 2003. Multifunctionality: The policy implications, Paris.

日本学術会議．2001．「地球環境・人間生活にかかわる農業および森林の多面的な機能の評価について」日本学術会議答申

宇根豊．2001．「百姓仕事」が自然をつくる．築地書館

山本徳司．2006．農村景観の心理評価と視覚行動からみた仮想行動特性．農業土木学会誌．74：301-304.

研究こぼれ話　棚田の米はなぜおいしいか

　よく「棚田で作ったお米はおいしい」ということを耳にする。本当だろうか。
　実際には米の食味は、イネの品種や水田の土質などが関係するし、生産者の技術による部分も大きく影響する。残念ながら棚田でとれたというだけで、おいしいというほど単純なものではないのである。
　しかし棚田には、実際においしいお米がとれるいくつかの科学的要因があることも事実である。
　1つには立地条件である。山間地にある棚田は平野部に比べて昼と夜との温度差が大きい特徴がある。イネは昼間の光合成でたくわえた糖分を、夜の間に籾へと転流して蓄積していく。このとき、昼間の温度が高いと光合成が盛んになり、多くの糖分が生産される。しかし、夜間も温度が高いと呼吸が盛んになり、せっかく作った糖分を消耗してしまうのである。そのため、昼間温度が高く、夜間に温度が低い条件で、米の甘味は高くなるのである。また、水源が近いために森からしみ出た水が豊富なミネラル分を含んでいることも米をおいしくする一要因である。
　2点目は棚田の水の条件である。棚田では山からの冷たい水でイネが作られる。そのため、どうしてもイネの生育が抑えられる。しかし、生育が抑制されてゆっくりと育つことがおいしいお米を作るのである。
　近代的なイネの栽培では、最初のうちに茎数を十分に増やしておいてから、田んぼを干して茎数の増加を抑える方法が一般的である。しかし、イネの生育が遅い棚田ではイネはゆっくりと育っていく。ある米穀店の方は、棚田の米の魅力をわかりやすいたとえでこう表現してくれた。
　「イネは茎や葉ばかり生育すると米の味が落ちるので、現在では、ブレーキをいっぱいに踏みながら旺盛な生育を抑えて栽培している。ところが、山間地では生育量が劣るのでアクセル全開でイネを育てている。

この米がうまくないはずがない」

　棚田は田んぼから田んぼへと順番に水を流しているために、途中で田んぼを干すようなきめ細かな水管理ができない。しかし、過度の中干しはイネにとってストレスであることから、棚田では無理な中干しが行われないことも食味をあげる上で効果的なのである。

　また、水が田んぼの下に流れる縦浸透があると、根が深く張ることができるため、食味が良くなることが指摘されている。棚田で起こりやすい縦浸透は、いわば田んぼの水漏れである。しかし、米の生産を行う上で不利だった縦浸透が、じつは棚田の米をおいしくする要因としても働いているのである。

　3点目の条件は天日干しである。最近では、米はコンバインで収穫されると同時に脱穀され、乾燥機に入れられて火力で短時間に乾燥される。しかし、大型の機械が使用できない棚田では、小型のバインダーで収穫をしたイネをハサ掛けし、天日乾燥しなければならない。この天日乾燥では米がゆっくりと乾燥するため、加熱されることなく程よく乾燥するのである。このため天日で干した米はおいしいとされている。

　このように棚田の米がおいしくなる科学的な根拠はいくつかある。実際に静岡県農林技術研究所で棚田米の食味試験を行ったところ、銘柄米と比較しても、有意に高い食味評価が得られた。

　しかし、棚田のお米の魅力は、それだけではない。森の緑に囲まれた豊かな自然の美しさや、何百年ものあいだ稲が作り続けられていたという歴史のすごみ。そんな棚田の風景を思い浮かべると、お米をいっそうおいしく感じさせてくれるということもあるだろう。また、田植えや稲刈りのイベントに参加すれば、田んぼでの思い出や、みんなで力を合わせた労働がお米の味を引き立たせてくれるはずである。

　ところが残念ながら、棚田でとれたお米の多くはイベントや自家消費用に用いられており、ほとんど流通していない。まさに幻の棚田の米。その米を一度は味わってみたいと願う人は少なくないはずである。

稲垣栄洋（静岡県農林技術研究所）

棚田の未来に向けて

16. 棚田への旅（棚田ツーリズムの可能性を探る）

大石智広（静岡県農林技術研究所）

　棚田の魅力をより多くの人に知ってもらうには、まず棚田に来てもらい、直接本人に自然や景観を体験してもらうことが必要である。しかし個人で行こうとしても場所に不案内であったり、現地の情報が不足している場合も多い。このようなときには現地までガイド付きで行ける企画ツアーは参加しやすいと考えられる。全国的に有名な棚田では、棚田自体を観光資源としたツアーがいくつも企画されている。静岡県内にも見ごたえのある棚田はいくつもあるが、定期的なツアーは開催されてはいない。そこで2008年春、県内の棚田を対象にツアーを実施した首都圏の旅行会社の担当者から状況や要望について聞き取り調査を行った。企画する側から見た静岡県内の棚田の評価や提案を得ることは、今後棚田の魅力を活用したツアーを展開する上で利用できると考えられる。

棚田ツアーの現状
問：棚田ツアーの目的は何ですか
　棚田ツアーの目的は、写真撮影です。棚田を撮りたいという人はたくさんいます。当社の写真ツアーの五分の一から六分の一は棚田ツアーです。
問：どんな人を募集対象としていますか
　当多摩センター管内40万世帯のうち写真クラブに所属する2000人で、参加経験のある実質対象者は500〜800人です。新宿センターにも当社

の写真クラブがあり、そちらから参加される方もいますので企画が重複しないように注意しています。
問：人気の高い棚田はどこですか
　当社のツアーの中では千葉県の大山千枚田が特に人気があります。5月に催行した企画は150名が参加しました。現地とのコンタクトもあり、田植え1週間後に実施しました。棚田百選の地域としてミステリーツアーで立ち寄ることもありました。その他には長野県の姨捨、新潟県の小千谷、松代、山古志などでも企画をしています。
問：どの時期に開催されますか
　田植え時期の4月～6月、稲穂が見える8月～10月、水を張っている棚田と雪がきれいな11月～12月です。実際にお客さんはこの時期のツアーしか参加されません。田植え後1週間が特に人気があります。稲が育って青々とした棚田は個人的には好きですがお客さんには好まれません。ただ棚田の四季が好きな人は1年中撮っているようです。
問：どのような方法で募集しますか
　ダイレクトメールの配布によるチラシが主体です。インターネットを使えばコース番号を入力することで詳細を確認できます。参加者の95％はチラシを見て参加した人です。インターネットが2％、友達から聞いたり誘われたりした人が3％です。
問：実際に参加するのはどんな人ですか
　当センターがある多摩地域の人が多いです。60歳以上の定年後の男性が7～8割で、それ以外では女性が多くなりました。講師が必ず随行してアングルや露出補正を指導するなど参加しやすい環境づくりを心がけています。講師は当社のカメラマンや事前に登録された講師が務めます。講師主催の講座で声をかけられて参加する受講生もいるようです。
問：ツアーはどこで企画されますか
　仕事の分担によって各センターでツアーを組みます。特に棚田ツアーについては各旅行センターの写真ツアー担当者が作成しています。当社ですと、横浜旅行センター、新宿旅行センター（埼玉、千葉も担当する）があり、それぞれ担当者がいます。

問：情報はどのように収集していますか

　ツアーのための情報は担当者個人が収集します。インターネットや○○百選（渚、棚田など）といったもので情報を得ます。時間がないときはインターネットで調べて企画し、後から下見に行くこともあります。ツアー内容で冒険はできないので、情報収集範囲は限られますが、自分の休みの日を使って現地に下見に行きます。情報がないとツアーを組めないのですが、棚田からツアーの提案などのアプローチはありません。静岡も長野や近畿のように観光協会主催のインフォメーション提供の場があるといいですね。

問：担当者から見た棚田の印象はどうですか

　棚田に出会うきっかけは仕事でしたが個人的にも気に入っています。棚田は会社にとって売れる商品であり、企画し甲斐があります。個人的には田の形が幾何学模様のようにいろんな形をしていて好きです。千葉県の大山、三重県の丸山、長崎県の各地、石川県の白米の棚田は行ったことがあります。日本の棚田百選はぜひ行ってみたいと思っています。机の上ででではなく自分が一度見て、その上で企画したいと思っています。

ツアー企画の実際

問：ツアーの企画は実際にどのような手順で行われますか

1　被写体の選択：これを撮ってみたいと思うかどうかが最初です。特に営業としてツアーを組む以上、お客さんがツアーに参加する（写真を撮りたいと思う）かが一番重要です。
2　条件：そこで写真を撮るとしたら、季節はいつがよいか。
3　時間帯：写真を撮る時間帯はいつがいいのか。朝か昼か夕景か。それによって日帰りか宿泊かが決まります。午後になったら影になってしまうのにあえて行くようなことはありません。目的地に電話してカメラマンがよく撮影に来る時間を聞いて決定することもあります。やはり現地情報は欲しいと思います。
4　予算：行程を組んでみて最後に予算を検討します。このツアーの価格価値を考えます。いい写真が撮れるとわかれば金額が高くても参

加してくれます。結局どんな写真を撮れるのかが大きいです。そういう意味では募集チラシに掲載する写真の良し悪しの影響は大きいと思います。いい写真を素人でも撮れるということは大切なポイントです。

問：事前に現地と協議することはありますか

　現地との連携は少なく、観光的に行って写真を撮らせていただいているという感じです。大山千枚田だけは現地とのやりとりがありますが、他は特になく観光として行きます。宿泊を伴うときは宿泊施設を通して地域の農家に連絡することもあります。

問：他にも首都圏で棚田ツアーを企画している会社がありますか

　今のところ大手では聞いたことがありません。

静岡県における事例とツアーの可能性

（1）伊豆市荒原の棚田

　日本の棚田百選にも選ばれた伊豆市荒原の棚田は、5月29日にツアーを実施しました。募集期間は4/10〜5/28で、12人の申し込みがありました。費用の内訳は、バス代、高速代、講師費用、施設入園料、お弁当代などです。行程等の詳細はチラシ1のとおりです。

　今回は河津のバガテル公園とのセット企画でしたが、棚田というと枚数が多いことをイメージする人が多いために参加者が少なかったのではないかと考えています。

チラシ1　荒原棚田ツアー

（2）菊川市倉沢の棚田

　菊川市倉沢の棚田のツアーは、棚田撮影が目的のツアーでした。募集

期間は 4/10 〜 7/4 で 40 人の申し込みがありました。行程等の詳細はチラシ 2 のとおりです。

　倉沢の棚田は私も実際に見たことがありますし、個人的に魅力を感じます。田の枚数は多くはないですが、その形や作っている楽しさが好きです。棚田は様々なアングルのバリエーションで撮ることもできます。お客様の求めているものとして倉沢の棚田を企画しました。2000 枚の棚田というチラシに魅かれたようですが、実際に耕作している田は 200 枚程度であったため、枚数が少ないと感じた人が多かったようです。時期的にも畦草が伸びていて田がきれいに見られなかったようです（倉沢では、ツアーの翌週 7 月 13 日に草刈りが予定されていた）。写真は風景の切り取りなので、切り取れる部分が多いか少ないかは重要です。そういう意味では枚数が多いほうが好まれるのかもしれません。

チラシ 2　倉沢の棚田ツアー

今後に向けて

問：他の棚田でツアーの可能性はありますか

　静岡の棚田の企画は、今回の結果からみるとしばらくは難しいです。でも天竜の棚田は興味があるので、一度下見をして来年の稲刈り時期くらいに再度企画したいと思っています。天竜だと日帰りは時間と予算的にきついですが、宿泊であれば問題はないです。どんなものが撮れるかが重要ですから、写真次第だと思います。バスが棚田の近くまで入れる

ことも重要なことです。同じことが松崎町の棚田にも当てはまります。
問：棚田ツアーでのリスクはありますか
　ヘビが出るか出ないかなどはありますが、今まで事故はありませんでした。企画する側としては参加者が田の畦を壊さないように気を使います。畦に入らないように注意を促しても、心ないカメラマンがいることも事実です。
問：棚田の側から提供するサービスに経費を支払えますか
　棚田を耕作している人から見れば必要であることはわかります。米やお土産を買うことは可能だと思います。ツアーを企画する側としてはコスト高になりますので抵抗はありますが、地元で作ったお土産をセットにすることで写真を撮らせてもらえるなら行うことも可能だと思います。お互いの可能性の部分で話を進めていくことが大切だと思います。

問：棚田の側の設備等で必要なことはありますか
　アクセスの容易さは重要な要素です。いい棚田ならマイクロバスでも行きますし、高速道路で近くまで行けるとありがたいです。農道は棚田の中を歩けるのはいいと思いますが、写真的にあっていい場合とそうでない場合があります。特にアスファルトの農道は好まれません。棚田に隣接して整備された駐車場や撮影場所は景観を崩すので要らないと思います。棚田内の休憩所はかやぶき屋根なら受け入れられると思いますが電線は嫌われます。トイレもあるほうがありがたいです。
問：棚田で写真撮影以外の体験などの企画はありますか
　現在、体験もののツアーは取り扱いがありませんが、棚田ウオーキングは姨捨や上信越でやっているのを知っています。ツアーとしても時期を選べばできると思います。

　今回の調査から、棚田ツアーにはそこでどんな写真が撮れるかの情報が大切で、撮れる写真の作例や現地でしか分からない撮影時期や場所などの詳細な情報を提供することも必要であることが分かった。また、静岡県の棚田にはツアーを企画するだけの魅力があることや首都圏に近い

第Ⅰ章　棚田の恵みを科学する　139

という立地条件であることも示された。棚田の魅力をより多くの人に知ってもらうには、写真撮影だけでなく棚田に対するさまざまなニーズに対応する必要があると思われる。首都圏の家族連れを対象とした子供の棚田体験や、オーナーとしてツアー参加なども考えられる。今後棚田ツアーを有効に活用して直接または間接的に経済効果を得るには、参加するお客さんにどんな棚田の魅力を提供できるかを吟味し、そして棚田を保全する地元とツアーを企画する側の双方にメリットのある仕組みを構築していくことが必要である。

17. 棚田米で酒造り

清 信一（富士錦酒造株式会社　代表取締役）

　弊社では、伊豆松崎町石部の棚田で収穫された黒米を使い、平成18年より米焼酎「百笑一喜(ひゃくしょういっき)」の製造を行っています。この焼酎は、棚田の復活と、伝統的な棚田技術の伝承を目的とした自立した基金に、販売して得た収益金の一部を還元させる手段の一つとして開発されました。現在でも、収穫された地元地域の酒屋さんを中心に、流通業者ともグループを組み、地域に貢献できる新たな特産品商材として、大切に育て、販売を続けています。

石部の棚田との出会い

　平成13年に棚田が復田されるにあたり、松崎町商工会より「収穫された米の販売先が継続的に確保されないと、復田も一時的なものになりかねない。酒蔵では米をたくさん使用するので、棚田の米を使用して商品を開発して欲しい」という趣旨の相談を受けました。
　これを受け、試験栽培された古代品種の黒米を少量いただき、米の分析を行ったところ、清酒造りには不向きな「もち米」である事が分かり、この計画は一時頓挫しました。当時私は、松崎町の棚田の存在すら知らなかったため、どの程度本気なのかをうかがい知る事が出来ませんでした。しかし、取り組んでいる皆さんと直接話してその思いを改めて知り、「何とかしたい」という気持ちが改めてふつふつと湧き、その後、経験のない米を前にして研究を重ね、焼酎なら出来そう…という感触を得、

何とか製造出来る技術を会得するまでに至りました。

黒米を焼酎に

　我々が今まで300年以上続けてきた清酒造りに対して、弊社の焼酎造りの歴史は60年程度しかありませんでした。しかもこの焼酎は自社ブランドではなく、みりんの原料として使用されるほど、昔ながらの大変クセのある焼酎を製造していました。従って、根本的な技術は一緒でも、飲用として求められる味を作るにしては技術的に未熟で、九州の本格的な焼酎とは程遠い品質のものでした。しかし、この話をきっかけに本格的な焼酎造りへ向け、新たな設備を導入し、既存設備の改良をし、製造部の技術レベルの向上を目指しました。折しも世間では、空前の焼酎ブームが到来しており、弊社でも自社ブランドの焼酎の発売を始めたばかりでした。

　この間、松崎町商工会ではマーケティング市場調査のために、他県のメーカーに試作品の醸造委託をし、出来た試作品を使い、味覚・ラベル・ネーミングなどの様々な調査を先行して行ってきました。が、結果的に風味の改善を要する事などをはじめとし、各方面より様々な意見が出て、「特産品と銘打つためには県内のメーカーで製造することが望ましい」という方針がまとまり、改めて弊社で一からの開発の受託を受けました。

焼酎造り本格始動

　まず、試作として平成17年に、試験醸造を開始しました。ここで確認する事は、使用する古代品種の黒米と、弊社で使用している硬度の低い水（富士山の伏流水）との相性、味を大きく左右する麹が、弊社で得意としている清酒用の麹で良い香味が出せるか、また、生産性についても、適正価格で販売できる歩留まりで製造が可能か…など、多岐にわたっての確認を行いました。

　棚田で生産された黒米は、特殊な場所で生産された特殊な品種の米という理由で、量も少なく高い付加価値を持っているため、価格は普通の

飯米の何倍もの価格でした。従って、焼酎に使用する米の全量を黒米で…という方向では普及もままならない量しか生産が出来ず、しかも適正価格での販売は不可能でした。ここで、商品の普及を優先的に考えた流通サイドの考え方を優先させ、全量黒米ではなく、およそ3分の1程度を黒米で生産し、香味を調整する意味もあり3分の2を弊社で製造している白米の米焼酎をブレンドして、製品のベースとなる製品設計を作り上げました。

また、商品の顔となるラベルのテーマは、
1．黒米のイメージを大切にするため、色合いは黒をベースに使用する。
2．棚田からも見える、綺麗な西伊豆の夕日をモチーフに使用する。

の二点でした。これを踏まえて、ビンやキャップも全て黒にまとめ、異様とも思えるほど黒を基調にして、夕日のイメージの赤を必要以上に映えさせるという、対色の手法を取り入れてラベルをデザインしました。また、ラベルのネーミングの文字は、松崎町の酒販店の店主が書いた文字をそのまま使用し、地元販売店のイメージの意図をそのまま表現したものにしました。

いよいよ販売開始

現在、地方の酒販店の売り上げは、コンビニエンスストアや大手スーパーの台頭とともに、下落の一途をたどっています。かつては、町のよろず屋的な存在だった酒屋も、時代と共に販売する商材なども姿を変えていかなければなりません。そこで、ＮＢ（ナショナル・ブランド）商品と異なる位置づけをとるこの商材を、利益を得るためだけの商品としてではなく、町おこしの材料のひとつとして、特別な存在のものとして、大切に育てていこうという機運が、会議を重ねる毎に皆の中で高まってきました。そして販売促進のために、テレビや新聞の取材を出来るだけ受け、のぼり旗やポスターなどの販促物も先行投資を行って充実させ、町の誰の目にも留まるよう、工夫を凝らしてＰＲに勤しみました。

そして、平成18年7月に720ml入り約6000本の販売を開始しまし

た（口絵4参照）。発売にあたり、地元の酒販店と流通業者の間で、「今年製造したものは、今年中に完売させる」という販売目標を立て、販売にあたっては、横流しをしない、販売価格を各社守る等というルールを取り決めました。これは、数量が決められているお酒のため、流通ルートを明確にして乱売を防ぎ、各店に健全な利益が確保できるようにするためでした。

　町をおこして販売を開始したこの商品は、若年層とファミリーが訪れる海水浴シーズンを目指して発売日を設定し、翌年2月から始まる河津桜の観光客にもPR出来るように考えていました。これは、夏と春とでは町を訪れる観光客の年齢層の違いがあるため、幅広い年齢層にPRするためでした。しかし、発売日から約2カ月で当初の6000本を完売してしまい、同じく黒米を使用して商品を開発していたうどん屋さん、パン屋さん、和菓子屋さんから黒米を買い戻して、新たに3000本を追加生産しました。しかしこれも12月までに完売してしまい、年配層が訪れる2月に始まる河津桜のシーズンまで持たせる事が出来ませんでした。そして、翌平成19年は多めの12000本を生産し、同じく7月に発売しましたが、予想以上の反響があり、12月までに完売してしまいました。黒米のストックは既になく、これ以上の生産は残念ながら出来ませんでした。

棚田への恩返しと今後の展開

　平成20年からは、新たに赤米焼酎のラインナップを、少量ではありますが揃えました。これは、さらに新しい試みを行っているということをアピールする狙いと、新たに開港される静岡空港を訪れる客に対して、黒米と赤米の焼酎をセット販売出来るようにするためです。平成20年の販売状況も好調に推移しており、昨年同様、早い時期に品切れになる様相です。

　また、販売された商品の売り上げの一部を、棚田の保全基金に充当し、この業績に対して静岡県からも「一社一村しずおか運動」参加グループとして認定されました。

今後は棚田の保全状況のさらなる改善と、焼酎のさらなる品質の向上を目指しています。その一方で、棚田の保全や作り方など、米作りの技術的な部分の伝承を、有志の大学生や一般の方たちなどを積極的に受け入れて、確実に伝承されている現状を維持するとともに、農業の大切さ、しいては食の自給率アップを兼ねた、勤勉な日本人にしか出来ない食の安全性の追及など、様々なプログラムを作成して実践を通して伝えていきたいと思います。

石部の棚田の黒米で作った黒米焼酎

18. 棚田のマーケティング
～県大生への調査結果からの示唆～

静岡県立大学経営情報学部　岩崎ゼミナール[*]

はじめに

「棚田って、学生はあまり知らないんじゃない？」

それは2008年の6月。先生から「棚田のマーケティングをしてみないか」と勧められた時、私たちが真っ先に疑問に思ったことでした。ゼミ生の中にも棚田を知らない学生がいました。また、実際に棚田を見たことがある学生はほとんどいませんでした。

私たちは、まず棚田について知るために、菊川市の上倉沢の棚田に行きました。そして、虫の鳴き声や川のせせらぎを肌で感じ、棚田の風景に感動しました。菊川市上倉沢棚田保存推進委員会の方にお話を伺い、棚田は地域にとって大切な存在で、将来に残していかなければならないものであると強く感じました。そのためにも、多くの学生に足を運んでもらい、棚田の魅力を感じてほしいと思いました。

そこで私たちは「棚田に学生をひきつけるためにはどのようにしたら良いのか」、すなわち、棚田のマーケティングを検討するため、アンケート調査を行うことにしました。

調査対象は静岡県立大学の学生263人（男子143人、女子120人）です。以下、調査結果を見ていきたいと思います。

---

[*] 赤堀真有香、伊東亜也佳、伊藤紗英、岩崎元紀、大政真里絵、川口奈緒子、都築範将、中溝千尋、細澤あゆみ

調査結果

棚田の認知度

『棚田を知っている学生は多い！！』

「棚田って、学生はあまり知らないんじゃない？」から始まったこの調査。一体どれくらいの学生が棚田を知っているのでしょうか。

結果は、図18-1のグラフのようになりました。棚田を「詳しく知っている」5%、「どんなものか知っている」56%、「名前は聞いたことがある」26%と、全体の約9割が棚田を知っており、学生の棚田の認知度は高いことが分かりました。

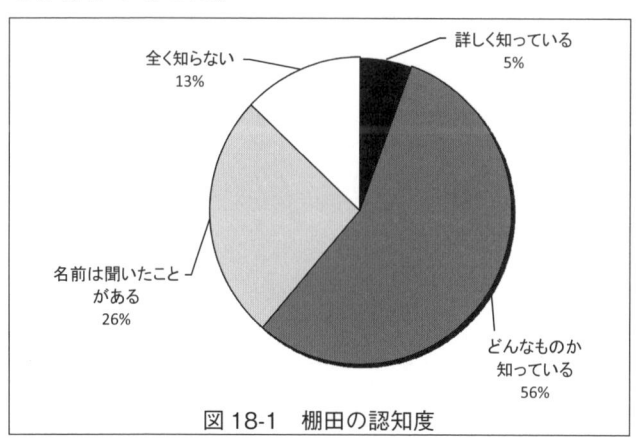

図18-1　棚田の認知度

棚田と田んぼのイメージ調査

『棚田に対して、洗練されたイメージを持っている？！』

棚田と田んぼでは、それぞれにどんなイメージがあるのでしょうか。それを探るために、まず私たちは棚田と田んぼから連想される言葉を自由に挙げてもらいました。すると、二つの間には次のようなイメージの違いがあることが分かりました。結果は表18-1のとおりです。

どちらも共通して「田舎」というイメージが強いのですが、田んぼはどちらかというと「カエル」「おたまじゃくし」など生き物のイメージが強く、一方、棚田は「山」「段々」など棚田の風景から連想されるイメージが多く挙げられました。また、静岡の特産物である「茶」を12人もの人が棚田から連想される言葉として挙げています。

表18-1　田んぼ・棚田から連想される言葉

"田んぼ"から連想される言葉

1位	米	83人
2位	稲	35人
3位	田舎	29人
4位	カエル	16人
その他	おたまじゃくし（6人）、かかし（5人）、とんぼ（5人）、アメンボ（4人）、虫（3人）、など	

"棚田"から連想される言葉

1位	山	48人
2位	段々	30人
3位	田舎	13人
4位	茶	12人
その他	米（10人）、緑（9人）、斜面（5人）、水（4人）、地理（4人）、など	

　さらに、棚田と田んぼのそれぞれに対して「印象的」「癒やされる」「個性的」「田舎」「お洒落」「開放感」「身近」「古めかしい」「音を感じる」「匂いを感じる」の10個のイメージについて当てはまる程度（5：かなりそう思う～1：全くそう思わない）を聞き、その中で違いが特に顕著であったものに着目しました。

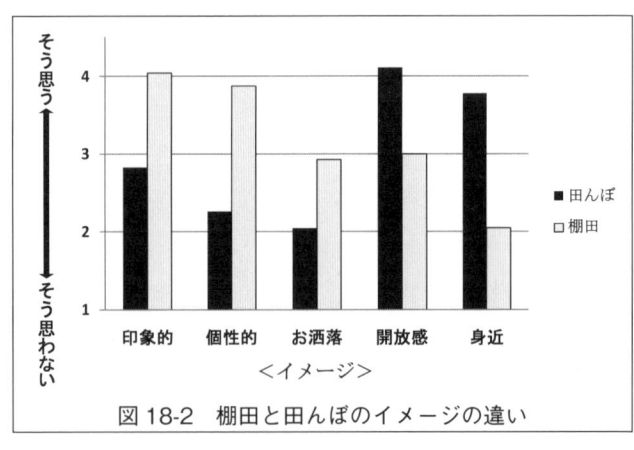

図18-2　棚田と田んぼのイメージの違い

　結果は図18-2のとおりです。棚田に対しては、「印象的」「個性的」「お洒落」といったイメージが強く、一方、田んぼでは「開放感」「身近で

ある」といったイメージが強いことが分かりました。

　また、「棚田に行きたいですか？」という質問に対して、「棚田に行きたい」と答えた人と、「棚田に行きたくない」と答えた人では、棚田に対して持っているイメージが異なっていることが統計的に分かりました。棚田に対して、「癒やされる」「お洒落である」というイメージを持っている人ほど、棚田に行きたいと思っています。反対に、行きたくないと思っている人は、棚田に対して「田舎である」というイメージを強く持っていることが分かりました。（図18-3、図18-4、図18-5）

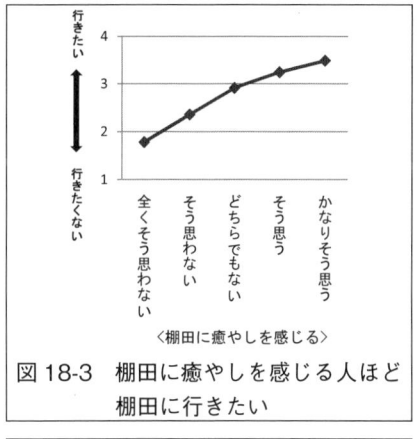

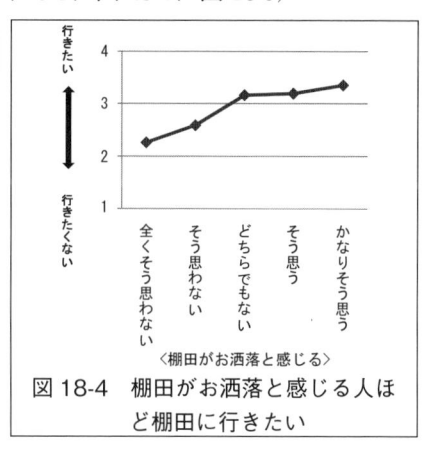

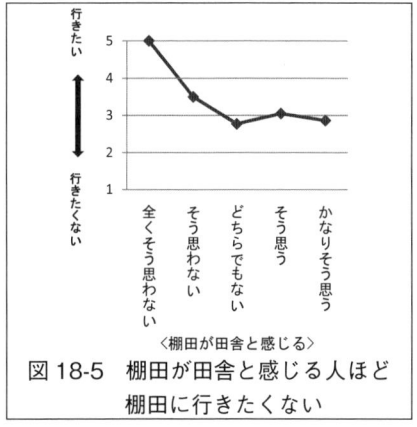

図18-3　棚田に癒やしを感じる人ほど棚田に行きたい

図18-4　棚田がお洒落と感じる人ほど棚田に行きたい

図18-5　棚田が田舎と感じる人ほど棚田に行きたくない

第Ⅰ章　棚田の恵みを科学する　149

棚田に惹かれる人とは
『棚田に興味を持っているのは男性？女性？？』

棚田と田んぼのそれぞれの写真の描画を並べ、どちらの風景に魅力を感じたかを聞いてみました。

棚田の風景　　　　　　　　田んぼの風景

図 18-6　アンケートで使った写真の描画

全体としては「棚田の風景」45%、「やや棚田の風景」27%と、約7割が棚田の風景に惹かれています。男女別に見てみると、棚田に惹かれる割合（「棚田の風景」と「やや棚田」の合計の割合）は、女性が82%、男性が64%と、女性の方が明らかに棚田の風景に惹かれていることが分かりました。（図18-7）また、棚田に行きたいかの質問に対しても同様に性別で差が見られました。

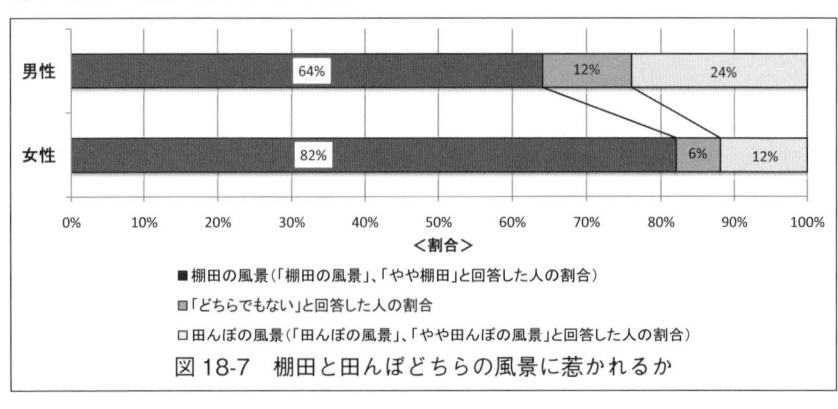

	棚田の風景	どちらでもない	田んぼの風景
男性	64%	12%	24%
女性	82%	6%	12%

■ 棚田の風景（「棚田の風景」、「やや棚田の風景」と回答した人の割合）
□「どちらでもない」と回答した人の割合
□ 田んぼの風景（「田んぼの風景」、「やや田んぼの風景」と回答した人の割合）

図 18-7　棚田と田んぼどちらの風景に惹かれるか

棚田で人気のあるイベントとは
『棚田では体験型イベントを！！』

　棚田でイベントを行う場合、どんなプランであれば学生は興味を持つかを調べるために、棚田で何らかの体験をする体験型プランと、棚田や棚田の生物について学ぶ知識習得型プランを用意し、それぞれのプランを5段階（5：行きたい〜1：行きたくない）で評価してもらいました。その結果、1位「棚田米で餅つき大会」、2位「棚田米を満喫」、3位「田植え・稲刈り」となりました。

　体験型プランと知識習得型プランを比較すると、体験型プランの方が人気であること、特に食に関するプランに興味・関心が強いことが分かりました。また、性別で見てみると、女性は体験型プランに高い興味を示し、一方で男性は知識習得型プランに興味を示すことが分かりました。（図18-8）

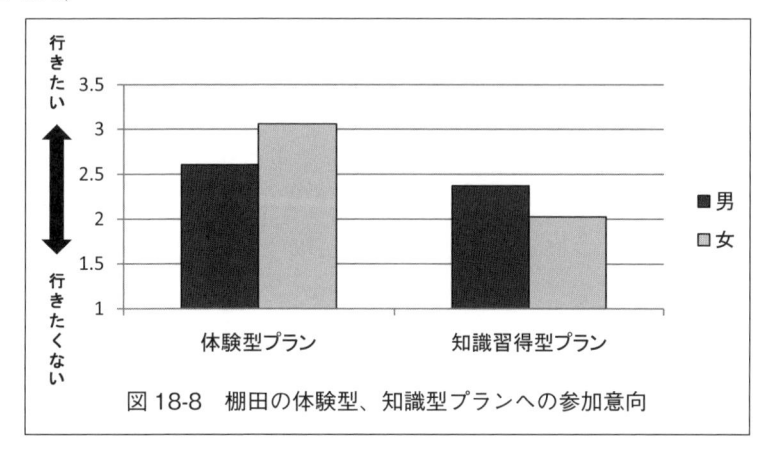

図18-8　棚田の体験型、知識型プランへの参加意向

情報発信に有効な手段は
学生は口コミを重視する

　今回のアンケート調査では、学生が観光地を選ぶときに、各媒体をどれほど重視し、利用するのかについても調べました。テレビや観光雑誌、口コミ、ラジオなどを媒体の項目として挙げたところ、「友人・知人からの口コミ」を重視するという人が最も多く、次いで「ホームページ」

「観光ガイドブック・観光雑誌」を重視するという結果が得られました。

学生を棚田に呼ぶために
調査研究の結果、以下のことが分かりました。

---

① 学生の棚田の認知度は高く、全体の約9割が知っている。
② 男性よりも女性の方が棚田に魅力を感じている。
③ 女性は「体験型プラン」、特に、食に関するプランへ興味・関心が強い。
④ 棚田に「癒やされる」「お洒落である」というイメージを持っている人ほど、棚田に行きたいと思っている。
⑤ 観光地を選ぶときに、学生が重視するのは「友人・知人からの口コミ」である。

ここまでの分析結果を踏まえ、学生を棚田に呼び込むためのマーケティングの方向性を考えます。

メインターゲットは女性として、さまざまな体験型プランを提供します。例えば、棚田の美しさやせせらぎに癒やされながら、棚田米を使った郷土料理作りを体験し、味わってもらう「棚田に癒やされながら、棚田米とその地域の郷土料理を満喫しよう」というプランはいかがでしょうか。きっと心も体も癒やされます。

また、プロモーションには口コミを最大限に活用します。口コミはコストもかかりません。顧客が顧客を呼んでくれるというメカニズムも働きます。体験型プランで、学生自らが棚田を体感することによって、「棚田の魅力を伝えたい」という気持ちが喚起されます。その気持ちを語るための材料として、棚田の魅力などを簡潔に記述したリーフレットなどを提供することも口コミの誘発に有効でしょう。

おわりに

　今回の研究は、私たちにとって棚田の素晴らしさを知るきっかけとなりました。「棚田って何？」から始まった私たちの研究でしたが、棚田について調べていくうちに、田んぼとは違う棚田独自の魅力やそれを維持することの難しさを知りました。そして、研究を進めれば進めるほど、少しでも多くの人に棚田を知ってもらいたい、棚田を後世にも残したい、そんな思いが強まっていくのを感じました。これからも棚田のマーケティングについて考えていこうと思います。

　最後に、今回の研究にご協力頂いた菊川市上倉沢棚田保存推進委員会の方々、岩崎邦彦先生、静岡県立大学の学生のみなさんにこの場を借りて感謝の気持ちを伝えたいと思います。ありがとうございました。

第Ⅱ章
棚田の営みに学ぶ

静岡県の棚田*

---

* この記事は静岡新聞に連載された「棚田百景」を転載したものである。

1．天空の棚田（浜松市「大栗安(おおぐりやす)の棚田」）
＜日本の棚田百選・静岡県棚田等十選＞

　天竜の中心地から車で 20 分程度、阿多古川を天竜東栄線に沿って上流へ向かい、道沿いの看板に従って山を登ると大栗安に着く。林業とお茶が主体の地区で、棚田は家々の周りに存在する。棚田に立つと、周囲が静かなこと、肌で感じる温度、雲が近くに感じる空の景色などが平地とはずいぶん違うことに気が付く。それもそのはず、大栗安の棚田は平均標高 425m の高地にあるのだ。県内の他の棚田の標高が 100m から 200m であることを考えると、群を抜いて高いことがわかる。寒い時期には、下から登ってくると集落のあたりから雨が雪に変わるという。棚田と民家が混在して山や森林に囲まれている特徴的な景色は、そこに暮らす人々の生活感を伝え、住居と棚田が一体となってのどかさや安心感を醸し出し、まるで天空の村にいるような気分にさせる。

　大栗安地区は文明 11 年（1479 年）にはすでに存在し、大坂夏の陣にも参陣したという記録が残っている。棚田も当時から耕作されてきたと思うと、また見え方が変わってくる。現在の地域活動の主体は、大栗安に居住する 14 戸からなる大栗安棚田倶楽部（鈴木芳治代表）である。地区の後継者の大半は、日中は天竜や浜松など近郊へ勤めに出ていて、その間、家族が水田を管理しているが、休日や地区のイベントとなると家族ぐるみで参加する。平日は都市で仕事、休日は田舎で農作業という生活はデュアルライフといって憧れのライフスタイルになっているそうだが、大栗安ではすでにそんな生活が実現されている。毎年 11 月に開催される棚田ウオーキングは、近くの熊地区をスタートし、2 カ所の棚田を歩いて見てまわる交流イベントで、都会を離れ、きれいな空気や水を満喫し、農家と一緒に竹筒ご飯を食べたりして人気を得ている。皆さんも、美しい自然、豊かな生物、ゆっくりとした時の流れなど、その一端を感じ取られてみてはいかがだろうか。

　　　　　　　　　　　　　　　（静岡県農林技術研究所　大石智広）

棚田と住居の農村風景が美しい

第Ⅱ章　棚田の営みに学ぶ　159

2. 小僧が手伝った棚田（浜松市「久留女木の棚田」）
＜日本の棚田百選・静岡県棚田等十選＞

　浜松市の中心市街からほぼ真北に車で1時間程度、都田川の上流にある引佐湖の北側の山中に、久留女木の棚田は存在する。あたりに住居はなく、見えるのは山々と棚田のみ。静かな空間に棚田の稲が風に吹かれている景色は、それまでのにぎやかさを忘れさせ、一瞬自分がどこに居るのだろうかと思わせられる。

　久留女木の棚田は14軒の農家で組織する棚田の会（入谷重徳代表）が3haの水田を管理している。いくつもの田んぼが折り重なり、途中直径1m程度の小さな田んぼを見ながら、曲線の多い畦をわたって上部に向かうと、森林との境に棚田を囲むように鉄柵が張り巡らされている。近くに民家はなく人の気配が少ないためか、イノシシの害が多いとのこと。現在は電線を張ることで随分被害は減ったそうである。柵の外へ出て水源へ向かうと、「竜宮小僧伝説」という看板がある。むかし竜宮に通じているという淵があり、そこから小僧が出てきて仕事の手伝いをしてくれるようになった。村人が感謝して食事に招き、うっかり毒となる「たで汁」を食べさせ死なせてしまった。悲しんだ村人がていねいに小僧を葬ったところ、こんこんと湧き水が出てきたというもの。今でも棚田の作業の大半は手作業で、平地の水田の何倍もの手間がかかっている。小僧の手も借りたいほどであろう。まして湧き水を利用しての稲作となると作業も思うように進まないことが多かったのではないかと思われる。それでも平安から室町時代に開発されたといわれるこの棚田を、先祖から引き継いだ遺産として地域の人たちは今も守っているのである。

　県内の棚田では、作られた米が一般に売られることは少ないが、ここで作られた米の一部は、細江町の直売所などで「久留女木の棚田育ち」として売られている。静かな山あいで、湧き水を与えて、手間をかけて作られた棚田の米はいったいどんな味がするのだろう。一度味わってみたいものである。

（静岡県農林技術研究所　大石智広）

静かな山あいの棚田

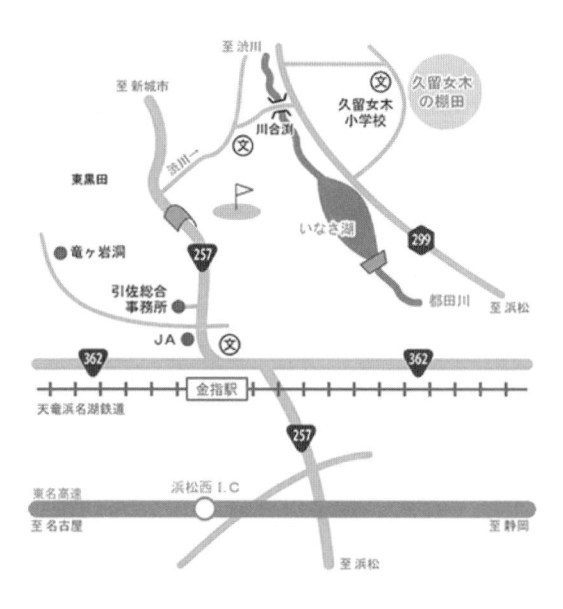

第Ⅱ章 棚田の営みに学ぶ 161

3．冬水の棚田（菊川市「倉沢の棚田」）
＜静岡県棚田等十選＞

　東海道線の菊川―金谷間の車窓から見える倉沢の棚田に気がつく人は少ない。東海道線からは見上げる方向なので、棚田であることがわかりにくいのだ。しかし、上から眺めると、広大に広がる棚田のスケールの大きさと景観の美しさに驚かされる。かつては牧之原台地の斜面には棚田が多く拓かれていたが、今では、まとまったものとしては、この棚田を残すのみである。倉沢の棚田も一時は耕作が行われなかったが、地元の棚田保全推進委員会（山本哲代表）の努力で美しい風景がよみがえった。休耕している田も含めると二千枚を数える田んぼの枚数は、静岡県棚田等十選の棚田の中では最多である。中には、両手で抱えられるほどの小さな小さな田んぼにも、しっかりと稲が植えられている。こちらは、著者が知る限り県下で最小の田んぼではないだろうか。

　地元の言葉で「千枚の田」を意味する「せんがまち」と呼ばれるこの棚田の一番の特徴は、土が乾燥してひび割れるのを防ぐため、伝統的に冬の間から水をためることにある。咲き誇る梅の花を映して満々と水をたたえる棚田の風景は、他では見られない何とも不思議なものである。また最近の研究では、冬に水を張ると雑草を抑制する効果があることが知られている。そのためだろうか、伝統的に冬に水をためるこの棚田は、雑草が少なく無農薬で稲が栽培されている。

　冬や春に水をためるこの棚田には、さまざまな生き物が集まってくる。特に、絶滅危惧種のニホンアカガエルにとっては一大繁殖地となる。この赤ガエルは冬の間に卵を産むので、冬に水のあるこの棚田は絶好の環境なのである。また、春になって水が温かくなると、春に卵を産むシュレーゲルアオガエルという青ガエルが卵を産みにやってくる。コロコロと鳴く青ガエルの大合唱にやさしく包まれて、棚田は心地よい音の空間となる。まさに、水は命の源。せんがまちの棚田は豊かな水によって、しっかりと生き物たちの命をも育んでいるのである。

　　　　　　　　　　　　　　　（静岡県農林技術研究所　稲垣栄洋）

梅や桜の花を水面に映す倉沢の棚田の風景

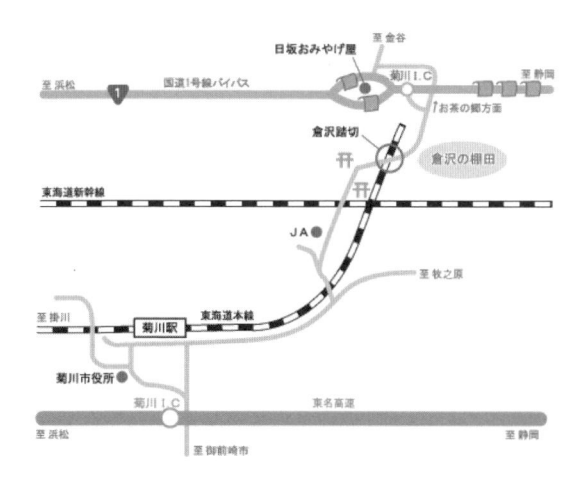

第Ⅱ章　棚田の営みに学ぶ　163

4．海の見える棚田（松崎町「石部(いしぶ)の棚田」）
＜静岡県棚田等十選＞

　松崎町の中心地から南へ向かうと、道部、岩地を経て石部に到着する。海水浴や民宿でにぎわう海沿いの集落から山方向へ上がると石部の棚田がある。平成11年より復田された棚田の総面積は現在4.2haである。棚田の作業道を登り、上部から見下ろすと、棚田の先には石部の集落が見え、さらにその先には海が見える。山から海へと連続する景観は多くの人々を魅了する。休憩場所でもあるかやぶき屋根の小屋も含め、全国の棚田を撮り歩くカメラマンからも高く評価されている。

　石部の棚田ではオーナー制度が平成14年から導入された。オーナー制度とは、会費を払うことで田植えや稲刈りのイベントに参加でき、20kgのお米を受け取れる制度である。現在も首都圏を中心に約100組320人が登録し、その6割は前年からのリピーターである。棚田を訪れ、地元との交流や作業体験、景観、民宿での海産物を中心とした料理など魅力は数多いと考えられる。オーナー会費や穫れた米の売上から棚田の管理作業賃金が支払われるが、作業する農家自体が減少しているのもまた事実だ。田植えや稲刈りなどのイベント時の作業は、オーナーと地元の協力で実施するが、田植え前の準備や夏の草刈など地元の労力だけでは不足する場合がある。ここで大きな力となっているのが、海の向こう富士山のふもとからやってくる富士常葉大学の学生達だ。学校側の協力により、年間延べ約200人が棚田の作業を手伝う。地元松崎高校の有志も手伝いに訪れる。最初は不慣れでも、数をこなすうちに一人前の作業ができるようになるとのこと。棚田への愛着もきっと湧くことであろう。

　石部の棚田は、観光地伊豆に立地し、景観や民宿など交流面では有利である一方で維持するための労力確保が課題とされる中、棚田保全推進委員会（髙橋周藏会長）を中心に、多くの人たちの手によって輝きを保ち続けているのである。

（静岡県農林技術研究所　大石智広）

眼下に石部集落と駿河湾、遠方には富士山、清水港、南アルプスを望む

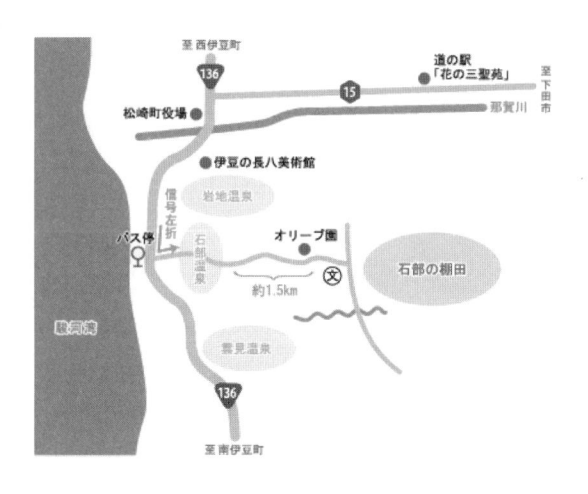

第Ⅱ章　棚田の営みに学ぶ

5．城壁の棚田（沼津市「北山の棚田」）
＜日本の棚田百選＞

　旧戸田村の海岸から、だるま山高原へ向かう山の斜面に北山の棚田はある。

　一般に棚田の風景というと上から見下ろす方が美しいが、ここの棚田は違う。下から見上げると、まるで中国の古城の城壁を思わせるように、せりあげられた石積みが、じつに壮大なのだ。この場所は棚田を作るのが困難な場所であったという。北山の棚田の石積みは、三百年以上前に、富士宮市北山から移り住んだ人々の高い技術力によって拓かれた。それが「北山の棚田」の名前の由来である。それにしても高い技術力によって造られた棚田とは、いったいどのようなものなのだろう。

　一般的に、棚田の畦は斜面の等高線に沿って造られる。棚田の畦畔が複雑に曲がっているのはそのためである。ところが、北山の棚田をよく見ると、凸状の地形に反して、凹状に、内側に弧を描いているのである。もしかすると、これはトンネルがアーチ効果で強度を高めているのと同じように、石垣をアーチ状に組むことによって崩れるのを防いでいるのではないだろうか。まさに工学的な機能美を感じさせる棚田である。

　棚田は新田ワークショップ（長倉峯之代表）の方々によって保全され、オーナーを招いての田植えや稲刈りが行われる。また10月には、かかしコンテストも開催されて、たくさんのかかしが棚田をにぎやかに彩る。かかしを作れない人には、自らが、かかしになりきる人間かかしコンテストもあるというから面白い。

　伊豆の豊かな森から滲みだした湧き水で作られる北山の棚田の米は、昔から美味いと評判だという。しかし残念なことに、棚田で収穫できるお米は量が限られているため、一般の人はお米を買うことができないという。そう聞くとどうしても食べたくなるのが人の性である。どうやら、棚田のお米を食べたければ、オーナー制の棚田に応募するか、かかしコンテストで賞品の米を狙うしかなさそうだ。

（静岡県農林技術研究所　稲垣栄洋）

城壁を思わせるような石垣が連なる

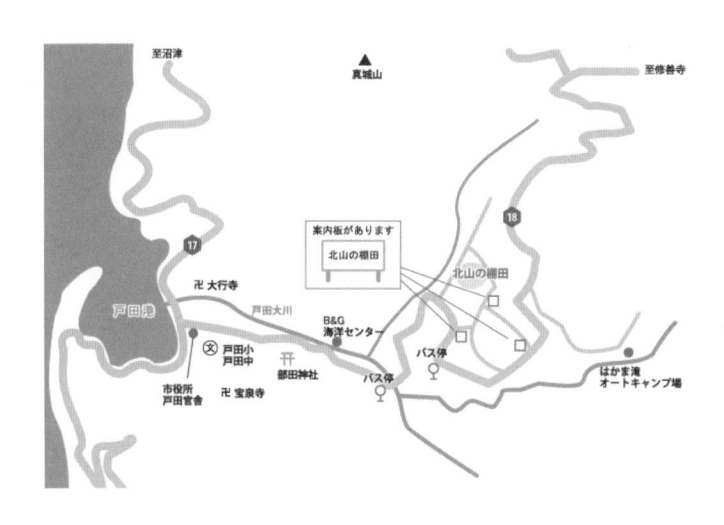

第Ⅱ章　棚田の営みに学ぶ

6．富士山が見える棚田（芝川町「柚野」の棚田群）
＜静岡県棚田等十選＞

　富士川の支流である芝川、稲子川をさかのぼった地域に静岡県棚田等十選に認定された柚野の棚田群がある。柚野の棚田群とは鳥並、西山、猫沢、上稲子の4地区を指すが、地域全体が棚田地帯である。稲子川流域と芝川流域の中間に位置する桜峠は、地元で知られる富士山の眺望ポイントである。柚野の棚田群は、この富士山の恩恵を存分に受けている。
　日本の滝百選にも選ばれた富士宮市上井出地区の「白糸の滝・音止の滝」は富士山の伏流水が湧き出る滝として有名だが、同地区から続く伏流水がこの地域の稲作を可能にしているのだ。柚野地域を流れる芝川は大半の水が水力発電に利用されるため、川を流れる水量は少ない。しかし、いたるところで地下水が湧く。この豊富な水は三区用水を通って棚田に供給される。三区用水とは江戸時代中期に作られたといわれる農業用の水路のことで、三区とは上柚野、下柚野、鳥並の3地区を指す。この用水沿いには遊歩道が整備され、自然豊かな田園風景を約2時間で散策することが可能である。ちなみにこの地域の地下水は酒造りにも利用されていることからその水質の良さがうかがえる。
　また、水を得やすいことから、歴史上早い時期から人々が住んでいたと考えられる。その証拠に、平成13年から発掘され平成20年に国指定史跡となった大鹿窪遺跡の存在がある。この遺跡はなんと縄文時代の遺跡である。すでにその頃から人々が集落を作って暮らしていたことがわかる。また地域に伝わる平家伝説は、富士川の戦いで敗れた平家の落ち武者が入植したというもので、上稲子地区の棚田の中には平維盛のものと伝えられる墓がひっそりと存在する。説明の看板も設置され内容は興味深い。近くを流れる稲子川にはホタルが舞い、田んぼにはイモリも見られる。そんなのどかな田園風景の中に悠久の歴史のロマンを感じ取るのもいい。

（静岡県農林技術研究所　大石智広）

雄大な富士山を背景とする棚田地帯

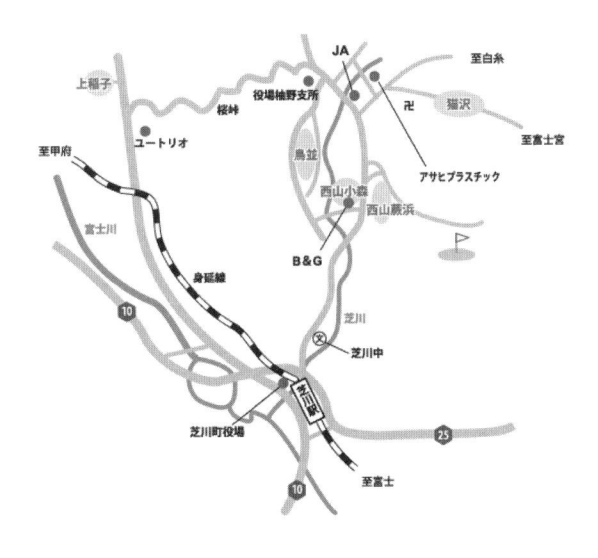

7．文学の里の棚田（伊豆市天城湯ヶ島「荒原の棚田」）
＜日本の棚田百選＞

「洪作少年が歩いた道」

棚田に向かう坂道にはそんな看板が立てられている。洪作少年というのは、少年時代を天城湯ヶ島で過ごした文豪、井上靖のことである。

井上靖の小説「しろばんば」に登場する長野という古い街道沿いの集落にその棚田はある。

天城といえばワサビ田が有名だが、雨が多く、水が豊富なため、かつては山の高いところにまで田んぼが拓かれ、稲が作られていた。天城山系には今でも数々の棚田が点在しているが、日本の棚田百選に選ばれた全国134カ所の棚田のうち、2カ所が、この天城湯ヶ島にあるのだから、知られざる棚田地帯と言ってもいいだろう。

甲斐武田の落人を祖先に持つという当地域では、田んぼの中に祖先の墓を祭り、独特の風景を創り出している。先祖のまなざしに見張られているからではないだろうが、地域の方々は先祖代々の棚田を守り抜こうという使命感にあつい。

荒原の棚田は、夕日の風景の美しさが有名である。「見ざる　聞かざる　言わざる」の日光東照宮三猿の作者が面を残したことから「猿面」の屋号を持つ歴史あるかやぶき屋根の民家と、火の見櫓をバックにした三枚の棚田の構図が、よく知られた写真スポットである。しかし、三つ並んだ湾曲した棚田の形が、何となく温泉マークのように見えるのも天城湯ヶ島らしくて、気が利いている。

棚田の風景というと、誰もが田植え前後の水の張った風景や、稲穂が実った秋の田んぼの風景を思い浮かべるだろう。しかし地元の人に言わせれば、雪化粧をした棚田の冬景色が、何ともいえず美しいのだという。

小説のタイトルにもなった白ばんばは土地の言葉で、雪が舞うように飛ぶ雪虫のことである。冬の訪れを告げる雪虫が舞う季節になったら、ぜひ、荒原の棚田を訪ねてみたいものである。

（静岡県農林技術研究所　稲垣栄洋）

遠く天城山系を望む荒原の棚田

第Ⅱ章 棚田の営みに学ぶ 171

8．焼畑の里の棚田（静岡市「清沢の棚田」）

　静岡市街から車で30分ほど藁科川をさかのぼった「きよさわ里の駅」から、いぎっさわ、と呼ばれる細い沢を上ると、急に視界が開けて桃源郷にでも迷い込んだかのようにその棚田は現れる。その昔は、この沢沿いにいくつもの田んぼが作られていたという。一度は耕作されなくなった棚田だが、平成12年から元静岡大学教授の中井弘和先生や清沢塾の皆さんの手により、棚田の風景がよみがえり、代かきをしない「不耕起稲作」という新しい技術によって、豊かな自然生態系の中で有機農業が営まれている。藁科川流域は古くは焼畑が営まれていた地域として知られている。昔は、沢の近くに水田が作られ、水を引けない場所は畑にし、さらに畑にならない傾斜地は焼畑や薪炭林にして、土地の条件にあわせて利用されていた。現在では、かつて畑だった場所は茶畑となり、傾斜地は杉林となったが、当時の土地利用の面影を残している。
　畑で作られた小麦と焼畑で作られた小豆を材料として作られるのが、伝統的なお菓子「よもぎきんつば」である。きんつばといっても、生地が厚く、さらに小麦粉を湯でこねて粘りを出した上に、つなぎとなるヨモギの葉を加えているので、もちもちとしたお餅に近い食感がたまらない。米が貴重で餅をそうそう食べられなかった時代の工夫だったのだろうか。しかし現在では、このよもぎきんつばは、「きよさわ里の駅」を訪れる人の舌をうならせる名物として、人気である。
　ところで、清沢にはもう一つ特筆すべき棚田がある。里の駅の北側の斜面に広がる茶園の中に、わずか6枚、面積にして10坪あまりのごく小さな棚田がポツンと存在するのだ。何とも不思議な光景だが、この場所は湧水があったために、明治時代に畑の中に小さな棚田が築かれたのだという。小さいといっても馬鹿にすることなかれ。この棚田の石積みは、崩れにくいようにごぼう積みという、城の石垣を築くのと同じ工法で作られているというから驚きである。まさに小さな地域遺産というべき棚田である。

（静岡県農林技術研究所　稲垣栄洋）

豊かな森の緑に囲まれた清沢の棚田

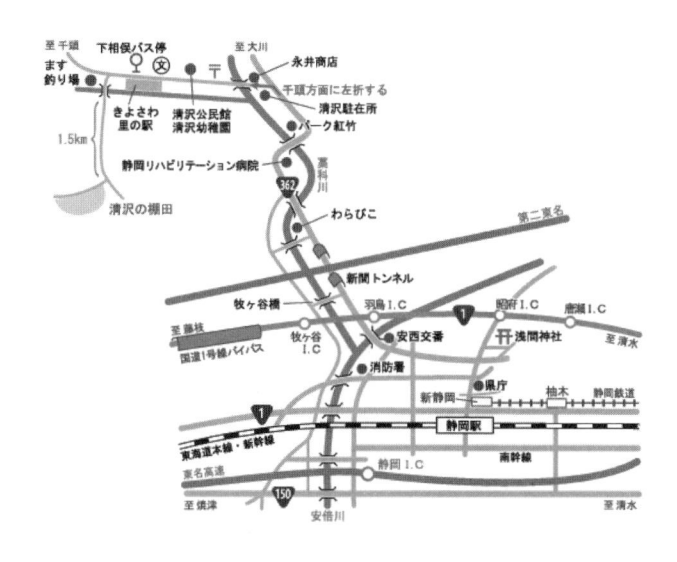

第Ⅱ章 棚田の営みに学ぶ　173

9．東京の小学生も静岡で棚田を体験
（伊豆市「菅引の棚田」）

　伊東修善寺線に沿って修善寺から中伊豆方面に向かうと棚田や段々畑が多く見られるようになる。中伊豆の中心地から東に入り、わさび沢に囲まれた地区に菅引の棚田はある。この伊豆市菅引地区は東京都世田谷区にある小学校の5年生約70人に棚田を中心とした農村体験を提供している。

　伊豆市は2000年に開催した伊豆新世紀創造祭を契機に、伊豆地域や首都圏からグリーンツーリズム体験を受け入れている。当初低学年向けの夏季林間学校の受け入れから始まった交流は、5年生の田植えと稲刈りそれぞれ1泊2日の体験学習が加わり現在まで毎年開催されている。5月の田植えは、初日に地元農家（井上亘代表）から稲作りの話を聞き、畦塗りと代かきを体験し、その日は地区内に分かれてホームステイする。翌日はコシヒカリともち米の田植えを体験する。地元の八岳小学校も参加して一緒に代かきをしたり、カエルを見つけたりして交流を深める。最初はおとなしかった子供達からはしだいに歓喜の声が聞かれるようになる。夏休みには「田の草取り」が父母会主催の日帰りバス旅行で行われ、親子で雑草を抜く作業を体験する。そして9月の稲刈りは、稲を干すための竹を自ら採りに行き、組みあげて、刈った稲を干す。ホームステイのあと、翌日は事前に干してあった稲を脱穀し、お昼はつきたての餅をほおばるという内容である。棚田の日常管理は地元の農家が行い、肥料は堆肥と米ぬかだけで農薬も極力使用しないという。とれた米はすべて学校に送られ、総合学習の締めくくりとして、学校の収穫祭で親子で餅つきや炊きたてのコシヒカリを食べるのに使用される。

　地元ではあたりまえの農村風景や稲作りも、東京からやってきた子供たちの目には新鮮に映るに違いない。棚田で泥だらけになっての稲作りや、地元小学生との交流、受け入れてくれた家庭での郷土料理の味など菅引を訪れた経験は一生の財産として深く彼らの心に刻まれることであろう。

（静岡県農林技術研究所　大石智広）

地元と東京の小学生たちが協力して畦塗りを行う

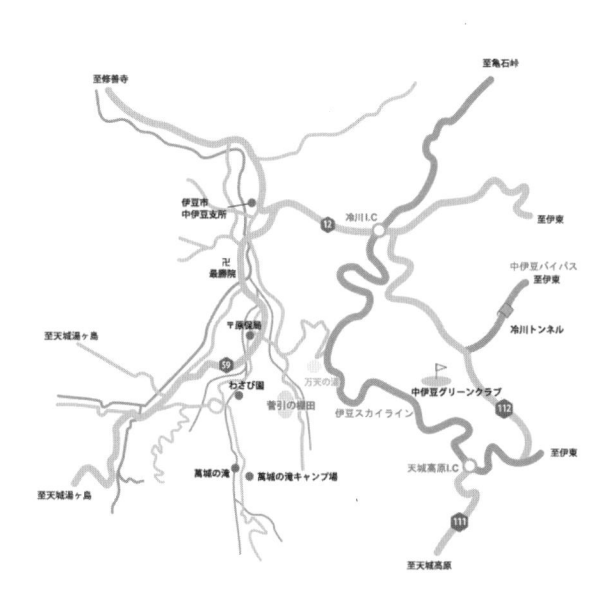

第Ⅱ章　棚田の営みに学ぶ

棚田への思い

[特別寄稿]

棚田について

杉山惠一（富士常葉大学教授・しずおか棚田・里地くらぶ会長）

　現在、棚田は静かなブームを呼びつつある。テレビなどに報道される、各地での棚田へのグリーンツーリズムの盛況、ボランティア活動による棚田の保全運動の拡大などに接すると、10年前に感じられた棚田滅亡の危機はひとまず回避されたという安心感がある。年に1回催される「全国棚田サミット」の盛況や、「棚田学会」による棚田保全の理論の確立などの状況を見るにつけ、もはや棚田は永久的に安全圏にあるとの感慨も抱かれるのであるが、実情は必ずしもそのように安泰なものではない。

　国土の6割以上が山地であるわが国において、棚田や棚畑の占める割合は平野部のそれをしのぐものであった。少なくとも、昭和13年生まれの筆者の成人する頃までその状況は続いていた。「耕して天に至る」という景色は静岡県下でも普通に見ることができた。それらの大部分が現在山林に置き換えられているのである。その変化はきわめて急速で、筆者らが子どもの頃には、どこまでもたどることのできた小道は跡形もなく消滅し、近隣の山々は人々を寄せつけない密林と化している。棚田もまたこのようにして消滅していった身近な自然のひとつに数えることができる。

　棚田の消滅の直接の原因は、1970年代から開始された例の減反政策であるといってよいだろう。わが国の米の消費量の減少によって、政府

による買いつけ米の余剰が年々巨額のものになったことから、米の生産をカットするという政策が生まれたのである。それは最初、休耕田という形でおこなわれていたのであるが、いつの頃からか「放棄水田」として一般化し、現在に至っている。

　農家がなにぶんかの水田を放棄する場合、労力と比較して収量の少ない田んぼから始めるのは当然の選択である。棚田は傾斜地であることだけでもその条件にぴったりの存在である。その上、石垣などが多く、車両の通るような道を造成することができない。傾斜が急であれば車両では上ることもできないのである。農村の高齢化ともあいまって、全国の棚田が急速に消滅していった。放棄された棚田は２〜３年間でススキやクズの茂る草原と化し、やがて樹木が生長し、10年ほどで石垣さえ崩れ果てて、その痕跡も失われることになる。

　このような状況下で棚田を惜しむ声が次第に高まっていった。それは、「棚田のある風景」が日本美の典型として比類なく美しく、世界に誇るものであったからである。しかし、それは当初、農村の苦しい実情を知らない都会住民の無責任な感情に過ぎないとされたのである。

　この状況に変化をもたらしたのが、里山・里地保全運動の一環として生まれた、非農民がみずから農村に赴き農地や山林の保全活動を実践するという新しい動きである。1980年代は、米あまり現象、材木不況、燃料革命などによって農村不況が進行した時期であるが、一方、都市の未曾有の拡大によって、都市化の波が農村にまで及んだ時期でもある。都市住民の住宅地が農村を囲むといった状況が各地に生まれたのであるが、放棄された山林・水田は、人工的環境に飽きはてた都市住民にとって魅力ある身近な自然と捉えられたのである。やがてそのような住民による農村環境の再生・保全運動が始められることになった。「里山管理」運動と名づけられたこの運動は、かつて農民によっておこなわれてきた営みを市民が肩代わりすることによって、快適な自然をよみがえらせ、市民はそれを一種の公園として楽しむというものである。このような動向が棚田の保全運動として独自の発展をみせるのは、1990年代後半の

ことである。そして、この場合、都市住民の一方的な働きかけではなく、農村に残された人々が最後の希望をかけて積極的に参加したことが、この運動を盛り上げ全国的な連携を成就させる原因となったのである。

このあたりで、棚田の景観的な価値以外の価値について一言しておくことにしよう。それは、景観という文化的な価値に対する科学的価値といってもよい。農地を含めて、農村を構成する環境はきわめて人為的なものである。しかし、それでいて原生的環境に勝るとも劣らない生物多様性の場であったということができるのであるが、それは、農地の大部分を占めてきた水田とその灌漑施設である池沼や水系が極めて多様な湿地でもあったということ、またそれを囲む山林や村落が、その湿地的環境とまったく異なる環境として、さらに多くの条件をもたらしていたことによる。とりわけ棚田は本来湿地とは無縁の傾斜地の中に深く進入することによって、そのような相互補完性を極限にまで高めていたのである。筆者はいわゆる昆虫少年として昭和20〜30年代を過ごしたものであるが、もっとも多くの収穫を得た採集の穴場は、棚田とその周辺であったといってよい。現在絶滅危惧種として知られる多くの動植物が、かつて豊富に存在したのもそのような環境であった。

生物学者としてのそのような立場から、筆者は棚田の消失を残念に思ってきたのであるが、先に述べたような棚田保全の動向の高まりに大きな期待を感じたのである。

静岡県下における棚田の保全運動は、全国的にはやや遅れて、しかも行政主導といったかたちで進められたのであるが、それは必ずしも本県市民の自覚の乏しさというのではなく、静岡県はもともと棚田に乏しく、いくつかの県に見られるような大規模な棚田風景というものがほとんど存在しなかったということによると思われる。全国的な棚田保全の動向に促されるようにして、静岡県農地計画室が「静岡県棚田等十選」を計画したのは、1999年のことであった。

当初107地区ほど挙げられた候補地を、会議で17地区に絞った上で、委員が実際にそれらを視察して回った上で10カ所が選ばれたのである

が、静岡県の特色として、茶園、わさび田なども加えられた結果、本当の棚田は6カ所にとどめられたのである。

　十選として称揚しただけでは心もとないということで、それらの維持管理をフォローするための一般県民のボランティア組織である「しずおか棚田くらぶ」が同年（1999年）、組織された。発足当初、およそ140人の参加者があり、十選の際委員長をつとめた筆者が会長ということになった。そして広大な静岡県であることから県下を東・中・西に3分し、それぞれの地域の棚田の保全をそれぞれの地域の会員が担当することになった。私は三島市に住むことから東部および伊豆全域を担当することになったのであるが、幸いというか、棚田の少ない地域で、事実上担当したのは、十選のひとつである伊豆西海岸の松崎町・石部地区の棚田のみであった。しかしながら、ここでの地域おこしを兼ねた棚田復元の動向はきわめて本格的で、しかも大規模なものであって、典型的な成功事例であったといってよいであろう。といっても、残念ながらそれはこの地域を担当した私の業績であるということでは微塵もなく、私はほとんど傍観者としてあったに過ぎない。

　私たちが棚田十選の選考委員としてこの地を訪れたとき、現地を案内してくださったのは、髙橋周藏さんという60すぎの人物であった。下の方から見上げた広い谷はススキの群落に覆われ、荒廃した様相を示していた。髙橋さんの説明では数十ヘクタールの放棄水田が眠っているということであったが、にわかには信じられないといったところであった。それでもここが十選に選ばれたのは、なにぶん伊豆にはほかに候補地がないということと、なによりもその際示された髙橋さんの熱意によるものであった。それから9年後の2008年現在、この地の放棄水田の大部分は復田を果たし、田植えの際などに頂上から見下ろすと、重なり合った水田のはるか下方に、かつてわれわれの立った場所が望まれ、感慨を催すことになるのである。

　この石部の棚田が大きな成功を収めたのは、髙橋周藏氏の尋常でない、しかも不断の努力によるのであるが、最近の展開は、それに加えてこの

第Ⅱ章　棚田の営みに学ぶ　181

地域が絶好の環境条件を備えていたことにもよると考えられる。まず当初の経過であるが、われわれ棚田くらぶ会員も協力しての復田作業がおこなわれた。幸い放棄されてからそれほど年月を経ていなかったことにより、樹木による石垣の破壊は見られず、水平面に生じたススキの群落を刈り取ることから作業ははじめられた。刈り取ったススキにいっせいに火が放たれた光景は劇的なもので忘れがたい印象をのこしている。この第一期の事業で再生された水田は、1ヘクタールにも満たないものであったが、最初の田植えの際水の張られた田んぼを見下ろしたときの感激は忘れることのできないものである。このような田んぼでの、田植え、稲刈りなどの農作業は棚田くらぶの会員を中心として数年間継続したのであるが、その間、髙橋氏らによる静岡県への熱心な働きかけによって、相当な額の農村整備費が獲得され、水田地域の真ん中を貫く幅広い道路の建設、ビジターセンターの建設などがなされ、次のステップへの移行の条件が整備されることになった。それは、棚田のオーナー制と呼ばれるものである。

　この頃までに、一般市民の自然志向の深まりによって、自然を旅行目的とする、いわゆるグリーンツーリズムが次第に確立されつつあったが、その目的地のひとつとして、復元された棚田が考えられるような動きがはじまっていた。それも、単なる旅行ではなく、特定の水田の年間の地権者（オーナー）になって、田起こしから稲刈りまでの責任を持つというものである。もちろん、それは擬制に過ぎず、オーナーといっても田植えや稲刈りなどの「いいとこ取り」で、年間の不断の管理は地元の農家にまかせ、その代償としてオーナー料を支払うというグリーンツーリズムの1バリエーションに過ぎない。
　棚田くらぶのボランティア活動に限界が見え始めた時点で、このオーナー制への模索が始められたのである。私なども、当初は労力を提供した上で金まで払うというシステムが果たして可能だろうか、と考えていたものであるが、2002年おそるおそる始めてみたところ、1アールあたり3万円余を支払ってオーナーを望む人々が、予定数を超えて申し込

むという結果となったのである。私の想像を超えて世の人々の意識は変化していたといってよいであろう。この趨勢はその後も変わりなく、2008年現在のオーナーは優に100人を超している。ここ石部のオーナー制がこのような成功を収めつつあることの理由は、髙橋氏をはじめとする地元の熱意にもよるのであるが、冒頭で述べたように、この地域のもつ優れた条件、つまり、温泉地であり数十軒の温泉付き民宿が存在すること、集落の端は海岸に接していて海の幸も豊富であるということにもよるであろう。今にして思えば、このような場所で失敗するはずはなかったのである。

　石部以外の地域の棚田でも、それぞれの努力はつづけられそれなりの成果をあげてきた。棚田と一口に言っても、地域の条件は実にさまざまであり、一律の方法はありえないということが実感されたものである。また、大きな成功を収めたと考えられる石部においても、労力にともなう収入は決して十分とは言えず、後継者による存続が危ぶまれている。棚田を保全してゆくためには、さらに一段上のステップへの移行が必要とされるようである。

「しずおか棚田くらぶ」会員集合写真

|特別寄稿|

小さな棚田、清沢塾から

中井弘和（静岡大学名誉教授・清沢塾代表）

清沢塾と自然農法

　清沢塾は清流で知られる藁科川の上流につながる黒俣川のそのまた上流域の山間にひっそり息づいている。棚田の修復と自然農法による稲作を体験しつつ学ぶといった意味でこう呼ばれるようになった。21世紀を迎える直前の3年間にわたって静岡大学と静岡新聞・SBSの共催で開催された静岡大学50周年記念公開講座『20世紀とは何だったか』にその端を発する。その講座のひとつ「地球は世界人口を支えられるか－21世紀の食料・農業を考える」が、虫や草を敵としない「自然農」を標榜して全国的に活動を展開し注目される川口由一さんを招いて行われた（1999年12月）。その席上、受講生に向かって「農業をやってみよう」と呼びかけたのである。

　それ以降、大急ぎで、場所探しが始まった。先ずは目標を、放置された山間の棚田と決めて静岡市の中山間地域を巡り歩いた。その間、中山間地の農業や里山の荒廃に驚かされながら、いくつもの放置された棚田を見つけ、その中から清沢の棚田を選ぶことになった。静岡市街地から比較的近いこと、四方を山で囲まれ、一般農家の田から隔離されていて、農薬、化学肥料を使用しない不耕起の自然農法稲作が実践しやすいこと、渓流に沿う立地条件にあって水が豊富に得られること、が選んだ理由である。耕作放棄から3年ばかりの石垣7段分のその棚田は、なお、水田の体をなしていて、素人には取り組みやすいと映った、ということもあ

る。公開講座の受講生をはじめ農業体験志願者が初めてこの場に集まったのは2000年春のことである。

最初の年は、草と共生させるといいながら、肝心の稲が草の勢いに負けてわずかの実りしか得られなかった。さらに、ようやく実った稲穂のほとんどが猪に食べられるというおまけまでついた。その失敗の経験を生かし、2年目は相応の収穫を上げて実りの秋を迎えることができた。3年目からは、30年以上放置されて、すっかり竹、雑木やブッシュに覆い隠され上方に連なっていた棚田の復元も始めることになる。7段の棚田から始めた稲作の試みは、そのようにして、24段にまで及ぶことになった。そして、2009年は10周年の節を迎える。

稲作りの四季

毎月の第2、第4土曜日が清沢塾の定例日である。ただし、6月と7月はそれぞれ田植えと草取りのため毎週集合する。現在、登録されているメンバーは50名ほどであるが、定例日に集まるのは20名ほどであろうか。清沢塾のモットーは「自由に、楽しく、そして自主的に」である。朝、集合してきたメンバーは先ず稲の様子を見て何をすべきか自らの判断で1日の作業を始める。一見、各自が勝手に働いているように見えるが、心に描くビジョンが同じ、「黄金色の稲が輝く収穫時の棚田」であればよい。

春－種まきの季節。4月上旬、棚田の1画に、かつて日本の農村で普通に見られた苗代を作って、種をまく。1～2坪ほどの苗床を用いる品種の数だけ作る。毎年、近代改良品種や在来種を含め10品種以上の稲を栽培している。江戸時代に借金（借銭）が返せるほど収量が上がったという品種「借銭切」、昔中国で皇帝に奉げられたという薬用の黒米品種「神秘の米」（俗称）など興味ある品種も含まれる。棚田に合う品種

第Ⅱ章　棚田の営みに学ぶ

を探り、収穫後の味の品定めも楽しむ。水は沢からパイプで引いているが、田に多く生息している沢ガニやモグラが掘る穴からの水漏れが難題である。苗代の場合、特に一定の水位を保つ工夫も必要になる。日々の水管理は地元の人たちの協力に負うところが大きい。

夏－田植えと田の草刈りの季節。6月は毎週田植えを行うが、特にその1回分を田植え祭に当てている。このときは、一般市民にも声をかけて、なるべく多くの人たちに田植えの体験をしてもらう。毎年、幼児から小学生を含め150名ほどの人たちが集まってくる。田植えの実習として数十名の大学生たちの参加もある。いろいろなボランティア関係の人たちも多い。不耕起の田んぼはまだ固いところが多く、周囲に自生する竹で作ったシャベルを使用しての田植えである。子供たちは、この棚田に多く生息するイモリ、沢ガニ、オタマジャクシや蛙、トンボと戯れながらの田植えとなる。田植え後1カ月ほどは、若苗が草に負けないように田の草刈りに力を入れる。刈った草はそのまま苗の根元においていく。

秋－猪の防衛と収穫の季節。8月の終わりから11月にかけて、早生から晩生の種々の品種の稲が開花し、結実して収穫期を迎える。もちろん、猪への防衛は怠らない。高さ1.5メートルほどの網のフェンスで囲んだ外側に、電柵を張り巡らせる二重の防衛策である。稲刈りは10月下旬から11月に及ぶが、やはり、多くの人たちに来ていただいて収穫の喜びを共に味わう。鎌で刈った稲は竹で設えたハザにかけて山間の陽

と風の中で自然乾燥させる。

　冬－脱穀、調整そして翌シーズンへの準備の季節。脱穀や籾の調整には近隣の農家から調達してきた足踏みの脱穀機や手動の調整機を使用している。山間の冬の寒さは厳しく、日照時間は4時間ほどと極端に短いが、この季節の働きに新しい年の稲の出来具合がかかっている。竹、雑木、ブッシュの伐採や石垣の修理、畦作りなど新たな棚田の開墾はすべてこの季節に行ってきた。自分たちで1年ほどをかけて作った小屋の囲炉裏を囲んで、話に花を咲かせることが多いのもこの季節である。

自然が現すやさしい顔
　自然は、人が手を加えることによって、また新たな優しい姿を現してくる。荒れた棚田を修復し稲を栽培し始めてから、そこに生息する生き物の種類は明らかに多様になってきた。ひとつの例は、3年目頃から蛍が出現し始めたことである。田にはその餌となるカワニナが年々増加し、それに伴って蛍の数もまた飛躍的に増えてきたのである。2008年は、6月下旬から7月上旬にかけて、ゲンジボタルが暗闇の棚田の上空を明滅しながら乱舞し、7月下旬からはヘイケボタルが石垣や草むらに宝石のようにちりばめられ輝く光景に出合うことができた。当初から沢ガニやイモリの多さには目を見張ったものであるが、それらに加え、今は、蛙やトンボの種類が多くなり、それら固有の多彩な生態を観察することができる。修復田は絶滅危惧種に数えられるモリアオガエルの格好の産卵場所にもなっている。

　植物相もまた稲を栽培し始めたこの9年間で大きな変遷を示しつつある。当初はセリが田の表面をびっしり覆って障害となっていたが、いつしかそれも減少して稲が栽培しやすい状態になってきた。草たちが人間の都合に合わせて変化してくれているようにさえ感じられる。棚田の周辺にはイワタバコなど貴重な植物が多く自生していることも付け加えておこう。

　棚田など山間地の稲作で問題になるのがいもち病の多発である。清沢塾の棚田でも低温や日照不足、さらに、沢からの冷たい水によって、特

に最初の数年はいもち病に悩まされた。苗の段階で深刻ないもち病に罹り全滅寸前になったこともある。その時は、木酢液の散布によって、ようやく大きな被害を免れたが、その後は年を経るほどに、いもち病の被害が少なくなっていった。

　里山における竹の侵食が話題になってすでに久しい。長年、放棄された棚田では雑木とともに竹の繁殖が著しく、その修復はもはや絶望的といわれる。われわれは、冬の間に、上にも触れたように、山林と化してしまった棚田の雑木や竹を切りブッシュを掃い壊れた石垣を修理してその復元に努めた。竹は、水田に復元すると、思いがけずすぐに姿を消していった。竹の侵食は、自然と共生すべき里山といういのちの空間を人が一方的に破棄してきたことへの自然の逆襲の証に違いない。棚田で学んだことのひとつである。

棚田は豊穣の学びの場

　清沢塾は、地域の小学校の稲作体験、市民グループの研修、大学生の環境実習や卒論、修論研究などにも活用されてきた。ここでは、「稲の自然農法」を主な研究テーマとしていた私の研究室の学生たちが行った研究について少し触れておく。2002年から私が定年となる2005年の3年間に、10名ほどの学生が棚田に関わって、次のような研究に取り組んだ；「修復した棚田におけるイネの栽培に関する研究－イネ品種の栽植密度や移植本数と農業形質の関係」、「修復した棚田における雑草植生とイネの生育」、「種々の環境におけるイネ品種の雑草に対する反応」、「竹葉のイネ生育への影響とその雑草抑制効果」、「棚田における普通米、赤米、香り米品種の収量性および特徴」、「棚田におけるヒエの栽培」。いずれも、棚田現場での課題と直に関わるテーマである。それらの研究成果は言うに及ばず、学生たちが、

汗を流し荒れ果てた棚田を修復して自ら実験の場を整えながら研究を進めた、という点に注目したい。「今どきの若者などとさげすまじ黙々究む自然農法」地域のある人が詠んだ歌が彼らの姿を的確に捉えていると思う。

メンバーの一人であるKさんは、いつの頃からか、棚田の稲の姿や生育のしくみに興味を抱き科学的な追跡を試みるようになった。彼は、農学には全くの素人であるが、豊かな観察力と分析力を持って貴重なデータを蓄積し、棚田の稲の姿を科学的に浮き彫りにしながら新たな農学的知見を多く見出している。その他、この棚田に生きる植物や生き物の観察や記録を続けたり、メダカの飼育に挑戦したりするメンバーもいる。棚田は豊穣の学びの場である。

棚田からいのちの農業へ

棚田を守ること、それは農業を守ることと同義である。日本は戦後の高度経済成長にともなって、農薬、化学肥料の多用や機械化によって農業生産性を飛躍的に高めてきた。しかし、そのような農業の近代化を謳歌しているうちに、気がつけば日本の農業は壊滅寸前というわけだ。農業の近代化にともなって本来いのちであるべき食べ物は商品と化し、いきおい経済効率の低い棚田という農業生態系は荒廃の一途をたどることになる。しかも、それら溢れる商品・食べ物によって日本人は決して幸せになったとはいえない。自殺者が10年連続して3万人を超えていることもそのことをよく物語っている。いのちの農業へ大きく価値を転換する時機である。棚田はその道を拓く灯りになるだろう。

本来、農業は、そして食べることも、土・植物・動物・人間へと廻る、いのちの輪・循環の中に位置づけられるべきである。土が病めばめぐり廻って人間が病む。土が健康ならまた人間も健康になるという論理である。それは、最近、行政レベルでも注目されるようになってきた自然農法や有機農法の基本原理でもある。「自らいのちを育て、いのちを食べる」が農と食の基本的な姿であるに違いない。"自ら"は個人のみならず家族、地域あるいは国を表すといってよいが、例えば日本は自らが食

べる食糧の7割（穀物自給率は28％）を外国に依存していることに留意する必要がある。国民を震撼させている一連の食にかかわる事件の根源はこのところにあるのではないか。

　もうひとつ農業で重要な点は、「自ら種（いのち）を採る」（自家採種）である。古くから農民は、収穫に際して最も良い種は食べずに翌年の栽培のために確保してきたのである。江戸時代の三大飢饉のひとつである享保の飢饉（1732年）はウンカの大発生によって西日本を中心に生じ、100万人が餓死したと記録される。そのさなか、伊予の国（愛媛県）の百姓・作兵衛は播種用に蓄えていた麦の袋を枕に餓死した話が、「自分ひとりの命は麦の種に比べれば軽い」という言葉とともに今に伝えられている。その種は後に畑に播かれ、多くの村人が飢餓から救われることになった。「次の世代のいのちに責任を持つ」、という倫理観は、本来人の生活の基盤を支える農業によって培われてきたのだと考えている。

食への想いに立ち返る

　清沢塾は、今、実りの秋を迎えている。2008年の稲の出来は過去9年間で最も良い。それでも、品種や場所（棚田の段）によってさまざまで、多いところで反当たり6俵余というところである。確かに、私たちは「楽しく！」をモットーとしてはいるが、自然農法の棚田で全国平均8俵の収穫量を上げることを密かに目指している。

　この秋のおわりには、鹿児島大学と静岡大学の交流がきっかけで始まった、鹿児島の竹子（たかぜ）農塾（萬田正治鹿児島大名誉教授主宰）との5回目の交流会が清沢塾（静岡大学との共催）で行われる。竹子農塾ではやはり山間の棚田を復元しながら、合鴨有機農法を実践してきた。2007年からは、奄美大島に稲作を復興しようと活動を続けるグループ（あぶし会）も参加するようになった。

　2008年夏には、「静岡棚田サミット」（静岡県農林技術研究所・静岡新聞社主催）が清沢塾で開催された（232ページ参照）。静岡県のよく知られた大栗安、石部、久留女木、倉沢の各棚田から代表者が集合して、その現状、課題や展望について語り合うことができた。労働力の不足や

高齢化など共通の問題に加え、それぞれ固有の事情や悩みを抱えていることを知ったが、互いに率直に意見を交わし合ううちに元気を得、将来への可能性や希望を描くことができたと思う。

　山間にひっそりと、したたかに生き続ける棚田という点を結んで面にしていきたい。そこからこそ日本農業再生への道が拓かれてくるのではないか。私たちは、その昔、先人達が膨大な時間をかけて石を積み上げ棚田を拓きながら、必死に求めた食への想いに立ち返る時である。

（2008年10月記す）

地域の挑戦 1

棚田のお米づくり

入谷重徳（久留女木棚田の会代表）

※棚田の紹介は160ページ

自給自足で覚えた農業

　戦後の食糧難の時、とれたお米は全部供出に出し空腹で、食べられるものは何でも食べました。スイトン、さつまご飯、菜っ葉飯、麦飯なら最高。学校に弁当を持って行けない子もいました。当時の学校には農繁休暇があり、田植え、稲刈りなど家の手伝いをしていました。野菜も全部、家で作り、みかんの木、柿の木、梅の木など果物の木もたくさんありました。夏には川へ行き、雑魚、ウナギなどを捕り、本当の自給自足の生活でした。子供の頃から手伝った農業は自然のうちに覚えていきました。

自分で食べるお米は自分で作る

　棚田は先祖様がくれた財産、昔の食糧難時代を思うと自分が動けるうちは、棚田でお米を作りたい思いです。時代と共にお米が余り、政府の減反や転作などの奨励で、棚田も休耕したり耕作放棄したりする人がでてきました。久留女木の棚田は、ただでさえ水が少なく、休耕すると水が下の田んぼへ行かなくなります。

　休耕田が多くなり、現在の耕作地は全盛期の約半分です。先祖様がくれた田んぼをやめるのは非常に心苦しい。昔の自給自足のお米の足りない時代を思うと、自分で食べるくらいのお米は自分で作る、そんな思いで雨が降っても合羽を着て、暑い夏は朝早起きで土曜も日曜もなくよく

田んぼへ行きました。そんなに苦労とも思わず田んぼに行けました。
　職場の人や他所の地域の人達は皆「あんな千枚田、よく作るね」と冷ややかな目で見る人が多くいました。減反転作などを進める役所では、減らしたらやめよと言わんばかり。棚田は一度やめたら簡単には元に戻らない、下の田んぼへ水が行かない。他の人に迷惑がかかる、そんな思いで今まで続いて来ました。

イノシシの被害が大きく病める思い
　今から12～13年前にイノシシが異常に増えて、田んぼへ出て農地を荒らしたり、せっかく実った稲を食い荒らしたりして農家の人はみんな頭を悩ませたことがあります。トタンで囲ったり、電気牧柵を張ったりして防護しても、彼らのほうが利口で困り果てました。昔のイノシシと違って今のイノシシはミミズが好きなようで、稲作の害だけでなく、田んぼの「畦」から、のり面まで掘り返してしまいます。春に田んぼに来てみてびっくり、もう田んぼは作れない、やめようと思いました。そんなとき、急傾斜地の農地を助成してくれる「中山間地直接支払制度」があることを知り、「イノシシに負けてたまるか」と助成金を使いイノシシの「おり」を買い、棚田全体に電気牧柵を張りました。被害も少しは減りました。仲間で、電線の下の草刈り、線の補修を行い、仲間同士の絆を深めていきました。

美しい景観「日本の棚田百選」「静岡県棚田等十選」に認定
　4月下旬に「握り飯に水筒」を持ち田んぼへ行きます。今年も田んぼを始めるため、水の具合を見に一番上の山の中にある水源に行くと、きれいな水がこんこんと湧き出ています。顔を洗い、手ですくって飲む。「あぁ　うまい」、サッパリした気分になり、さあ今年も田んぼを作るぞという気分になるのです。
　神田(カミンタ)棚田の一番上に立つと、他所から来た人達は景観が良いと言います。なるほど、山並みと調和した棚田が下の方へ何十段と続きます。しかし、残念ながら荒地がたくさん見られ、昔は全部作っていたのは、す

ごかったと思います。久留女木の棚田は「日本の棚田百選」と「静岡県棚田等十選」に認定され、田植えの頃から稲刈り、冬景色など、四季を通して景色を楽しみに来る人が訪れるようになりました。昔なら考えられないことです。

自然が多い棚田の生き物　大切に保護したい
　山野草の名前はわかりませんが、春には休耕田には白い花が咲き、秋はキキョウ、リンドウ、フジバカマ等いろいろな野草が見られます。春に農作業をしていると、鶯などの小鳥の鳴き声がいっぱい聞こえてきます。夕方4時頃になると、カエルが一斉に鳴き出し「お疲れさん、カエレカエレ」、と言っているようです。秋は8月下旬から「赤トンボ」が舞い、大空には時々大きな鳥が舞ってきます。田んぼの中にも、沢ガニ、イモリ、タニシ等いっぱい小さい昆虫がいます。自然に生きる物は大事にしたいです。

昔からおいしいお米がとれる
　キメ細かな土は、いくら手足を洗っても、なかなか落ちません。観音山から南西斜面に湧き出て棚田を潤す水は、いつからなのか歴史を知らないまま、現在もコンコンと湧き出て棚田に恵みを与えてくれています。斜面にある棚田は、朝早くから夕方まで日照時間が長く、土よし、水よし、日照よし、の三拍子揃った棚田です。昔からおいしいお米がとれると自己満足しています。

作り上手、売り上手になるため勉強会
　自分たちが食べるおいしいお米を作り続けたい、4年程前から西部農林事務所の指導で勉強会を行っています。出席率もよく、稲作りから、病害虫のこと等頑張っています。棚田の米はほとんど自家飯米ですが、皆さんに棚田のお米を味わってもらおうと、こだわり米「棚田育ち」2キロ入りを作り、11月～1月頃まで販売を始めました（口絵4参照）。評判もよく、ブランド化したいと思っています。

機械化の出来ない棚田は手作業が多い

　機械の入れない小さい田んぼは昔ながらの手作業が多く、7割は手作業です。棚田で夫婦2人の作業ですが、苗代田を作り、昔ながらのモミを蒔いて丈夫な苗を育て、泥で畔をぬり、耕しています。毎日、少なくとも2～3日に一度は、水の管理のために、田んぼを見回らなければなりません。湧水は常時18度で稲作りには冷たいので、小さな堀（冷え溝）を作り、そこには冷たい水に強い品種の「ひえもち」という稲を植えます。

　棚田で本格的に米作りをして12年になりますが、何年たっても一年生で、見たり聞いたり勉強してよい米、おいしいお米を作りたいと思います。秋の稲刈りは楽しみです。鎌でザクーザクーと2株3株刈れば、ズッシリと重い稲は何とも言えない良い感じです。

　田んぼのぐろ周りを妻と2人で鎌で刈り、中はバインダーで刈りますが、歳のせいか、機械に振り回されている感じです。

棚田への作業道、ため池、害獣防護柵の整備

　棚田には車道が1本横にあるだけで、刈り取った稲は一輪車や運搬車、または背負子、担ぎ等で運んでいました。県、役場のご指導、ご支援、ご理解で運搬道、作業道が整備され、今では農作業が非常に楽になりました。また待望のため池も設置され、水回りも助かります。一番みんなが有り難く思っているのは、外周を金網でイノシシが入らないように防護柵を設置して頂いたことです。あんなに悩まされたイノシシの被害はぴたりと治まり、夜も安心していられます。有り難く思っています。

私達の暮らしや環境に大きな役割を果たす棚田

　棚田はお米を生産するだけでなく、暮らしに、環境に大きな役割を果たしています。しかし高齢化や後継者不足で1枚減り、2枚減りと、今は10年前の半分以下になってしまいました。また相続で所有者が遠方の人になり、荒れ放題のところもあります。休耕田を食い止め、棚田を保全していくには所有者だけでは限界があります。そのため、オーナー

制度の募集をしています。また、付加価値を高めるために「2キロ」入りのお米「棚田育ち」の販売もしています。農業が好きでお米を作ってみたい方は、ぜひ連絡していただきたいと思います。

　棚田の開発起源は平安から室町時代と言われており、それ以降何百年と先祖が守ってきた遺産なんです。その遺産を存続するためには、保全体制を作って残していくことです。今後棚田を守っていくにはどうしたらいいのか。地域だけではなく、行政も真剣に考えて地域共々に遺産の保護をして頂きたいと思います。

| 地域の挑戦 2 |

倉沢の棚田「千框」

山本 哲（上倉沢棚田保全推進委員会代表）

※棚田の紹介は 162 ページ

　菊川市の北東のはずれ、牧之原台地の西斜面に広がる倉沢の棚田は、地元では「せんがまち」と呼ばれ、面積約 10.1ha、最盛期には 3000 枚以上の小さな田んぼが美しいモザイク模様を作り、毎年 500 俵余の米を生産していた。米余りによる減反政策と生産効率の悪さ、後継者不足等から現在では 10 分の 1 程に減ってしまった。

　今川、武田の戦国時代から何百年という長い年月をかけ、先人達の血と汗と涙によって拓かれ、代々引き継がれてきた棚田は、世界遺産にも匹敵するような貴重な文化遺産だと思われる。

　平成 11 年、県の「棚田等十選」に認定され、テレビ、新聞等でも度々取り上げられ、アマチュアの写真家、俳句の会、写生の会の人達等、日本の原風景を求め、また癒やしの場として、四季を通じ市内はもちろん県内外からも多くの人達が訪れる。

　冬は梅、春は桜、夏は笹百合、秋には黄金の稲と彼岸花が見られ、鶯が鳴き源氏蛍が夏の夜を楽しませてくれる。田んぼの中には、最近絶滅が危惧されているニホンアカガエルやイモリ等、貴重な動植物が今も絶えることなく生息している。

　平成 6 年に千枚田を考える会を発足し、子供達と凧揚げ大会やウオークラリーをして楽しんでいたが、「棚田等十選」に認定されたのを機に、棚田保全推進委員会と名称を改め、棚田の保全と動植物の保護を目的に活動を行っている。

春3月の畦塗りと田耕しに始まり、5月下旬の代掻き、6月上旬の田植え、真夏3回の草刈り、秋10月の稲刈りと年間10回程の活動を行い、田植え、稲刈りには市内の幼稚園、保育園、小学生、緑の少年団等400人近い人達が参加し大きなイベントとなっている。田植え、稲刈りの前には、子供達に稲の植え方、刈り方、束ね方やお米の穫れるまで、田んぼの生き物等の話をし、保護者の皆さんからも大変喜ばれている。また一年を通して県農林技術研究所の研究員の方々をはじめ静大や東海大の学生によって、棚田にかかわる動植物から歴史、風俗等多方面にわたっての調査が行われており、我々地元住民もその結果を楽しみにしている。
　今年の農作業も終わり約900kgのもち米を収穫し、緑の少年団や地元の秋祭り、地区の文化祭等に寄付をすると共に、次年度（平成21年度）の活動資金に当てるべく販売をしている。ほぼ完売に近い。
　棚田の保全活動を行うことにより、集落内の多数の人が活動に参加し、まとまりも良く、より良いコミュニケーションができていると思われる。
　現在、オーナー制や一社一村しずおか運動、棚田くらぶの会員のお手伝いを受けながら活動をしているが、今後は次の世代の若い人達にどうしたら受け継いでもらえるかが最大の課題である。我々の世代は、子供の頃棚田を走り回り、棚田でウナギや魚を捕り、棚田のお米で成長させてもらったという思い出や郷愁、感謝の気持ちを持っているが、荒れた棚田を見て育った子供達、農家に生まれながら稲を植えたことのない子供達に引き継いでもらうのは大変難しい事だと思っている。心の底では「棚田ができたのも歴史、今後なくなっていくのも歴史かな」と悲観的な事も時々考えながら活動を行っている。
　棚田の風景をいつまで守っていけるのか、大変不安に思いながら、先人の苦労を肌で感じ、子供達のため、貴重な動植物のため、体力の続く限り頑張っていく覚悟である。
　今後とも、棚田の保全活動に対する皆様の温かい御指導、御協力をお願い致します。

　　「冬は梅　春は桜で夏は百合　秋は黄金の千框」

|地域の挑戦3|

日本の棚田百選に思う

浅田藤二（伊豆市湯ヶ島長野）

※棚田の紹介は 170 ページ

　私たち家族の耕作する荒原の棚田の魅力は、田植え後の約1カ月間、田んぼの水面に映る、落ちゆく夕日の息をのむような美しい姿であろう。多くの写真家たちが、この風景を撮りにこの地を訪れる。写真コンクールで入選や金賞を取った人達がうれしそうに報告にやって来ては、田んぼの主の私の父親と談笑している姿は微笑ましい。

　私の住む、大字湯ヶ島長野地区は、36戸の家全てが浅田姓である。家には全て屋号がついており、「油屋」・「飛脚屋」・「足袋屋」・「猿面」などの名前が代表的である。ちなみに「猿面」のいわれは、名工左甚五郎がこの地を訪れ、一夜の宿泊のお礼に猿の面を彫り、この家に遺していったことによる。また、この地区では、水道も住民が管理し各戸に行き渡らせている。山から湧き出る爽やかな水に恩恵を受けている。

　日本の棚田百選に選ばれたが、多くの方が想像する棚田よりも田んぼ1枚の面積は広く8畝ほどある。耕作している3枚の田んぼを合わせると2反を超える広さになる。

　田んぼに水が張られている頃は、蛙の鳴き声と時折見せる蛍の姿に初夏を感じ、刈り入れ時期は、鈴虫の音色に秋の訪れを感じる。雪が降り積もると、その景色はまさしく日本の原風景となる。

　先祖が残してくれた、この田んぼを父と私と息子とで田植えをし刈り入れをして豊作を喜び合う。

　40歳を過ぎてやっと、父の棚田への思いがわかるようになってきた

気がする。小さなことだと思うが、こうした伝統を受け継ぎ、次代にしっかり伝えていくことが、家族や地域を支え、環境問題や希薄になった人間関係をも改善し、国を支えていくことにつながっていくと誇りを持ってこれからも耕作に励んでいきたい。

地域の挑戦4

地域遺産・棚田の復元に挑む

小野寺秀和（竜ヶ岩洞支配人）

　私の住む田畑(たばたけ)地区に多くの棚田跡があることを知ったのは、地内の小字調査がきっかけであった。昼なお暗い山林内に足を踏み入れると、いたるところの沢に、大小さまざまな棚田跡が見られた。幾段にも累々と積み上げられた畦の石組みには、拳大から数トンはあろうかと思われる大石まで使われており、地形に合わせて巧みに積み上げられた棚田の連なりは、芸術的でさえあった。眼前に積み重なる棚田群を見て、その圧倒的な存在感に驚嘆し、感動した。
　「これは、地域の宝物だ！」
　そう思った私は、ある寄り合いの席で、一人の土地の長老にそのことを話してみた。
　「田畑地区には、びっくりするような棚田跡がたくさん残っているが、その一部でも復元して、地域おこしに活用できないものだろうか」
　「やる気さえあれば、棚田の復元なんてそう難しいことではない」
　との言葉が返ってきた。
　数日後、棚田の復元を目指した住民有志5名による『里

復元前の白檀の棚田跡（平成17年3月撮影）
棚田下部は雑木と葛蔓で覆われている

山元気もりもり隊』という地域おこしグループを発足させたのだった。

場所は、標高200〜250mと田畑地区では一番高いところにある白檀の棚田跡に決めた。生い茂る葛葉の下には、数十年前に耕作放棄された50枚前後の棚田がそのまま眠っているという。

「先祖から受け継いだ棚田が、荒れ放題になるのを見るのはつらい。みんなで、使ってくれるだけで嬉しい」

雑草の生い茂る棚田を持つ地主は、皆一様に快諾してくれた。

活動資金ゼロ、道具や器具は持ち寄り、燃料は自前の、ボランティアによる棚田の復元がこうして始まった。

まず手始めに、雑木の伐採と草刈り、そして田起こしをすることになった。

手づくりのチラシを回覧板で回し、参加の呼びかけをしたところ、作業の当日に15名の参加があった。

チェーンソーや草刈り機を手に、葛蔓の生い茂る棚田跡に分け入り、雑木を伐採し雑草を払うと、一部に崩落が見られるものの、思ったより良好な状態の畦の石組みや導水用の暗渠が現れた。

畦を整え、土を鍬で掘り起

こし地ならしすると、ますます棚田らしくなってきて、張り合いがあった。

　田起こし、代掻き、畦塗りを終えた田に水が張られ、5月には大小10枚（約10a）の棚田に苗を植えることができた。しかし、秋になって米が上手く収穫できて初めて活動資金が入るので、田植えといっても、無償で分けてもらった苗を植え、猪やサルの侵入を防ぐ電気柵も厚意で借用させてもらうというありさまだった。

　なりふり構わず、である。

　秋になり、いよいよ収穫の日を迎え、たわわに実った黄金色の棚田を見て、嬉しさに涙が溢れてきた。

　はざ掛けで目いっぱい太陽と風を受けた稲穂は、6俵の米になった。

　夕餉に炊きたての棚田米を口にしたとき、そのあまりの美味さに、またしても泣けてしまった。

　聞くところによると、白檀の棚田で穫れた米はこの辺で一番美味い米だったという。沢に湧く冷たい水、昼に吹き上げ夜に吹き降ろす風と温度差、そして里山の落葉が生み出す養分が、うまい米を育むのだろう。

　当初、5人でスタートした

棚田復活の活動であったが、田植え、稲刈り、そして餅つきイベントなどを実施するうちに、現在30名を超えるメンバーとなっている。

　2年目の2008年は、復元した棚田も25枚（約20a）と倍になり、なかなか見ごたえのある棚田の景観を醸し出してきた。

　訪れるハイカーに棚田の景観を楽しんでもらおうと、簡易トイレを設置し、間伐を兼ねて近くの山林から丸太を切り出し、オープンデッキまで作ってしまった。

　メンバーは、それぞれ休日を使って気ままに作業をこなし、心地よい汗を流した。作業を終えると湧き水で喉を潤し、オープンデッキで遠くに街並みを眺めながら語らい、それぞれのペースで作業を切り上げ、帰って行く。

　「お疲れ様、またね」

　手ぬぐいで汗を拭きながら挨拶する表情は、誰も一様に穏やかで、充実感に満ちている。

　棚田の復元1年にして、初夏には蛍の乱舞が見られるようになり、蛙の大合唱が谷間に響きわたり、秋にはトンボがこれまでにも増して飛び交うようになった。

「何の為にだって？　それは、楽しいから」

戦後、豊かさと利便性を追い求めた昭和30年から40年代の高度成長期を経る中で、山間の棚田の多くが放棄されてきたのだが、まさにその時代に青年時代を過ごし、経済成長の屋台骨を支えてきた人たちが退職を迎え、多く棚田の復元活動に取り組んでいるのが、なんとも因縁めいて妙である。

　先人たちの残した貴重な農村文化遺産である棚田の復元は、自然と人との共生を象徴するものではあるが、単に棚田のある里山景観の保護や環境の保全にとどまらず、今や忘れかけている近隣同士の共助のあり方をも体感できる格好の場になろうとしている。

　かつての山村経済を支えてきた棚田を復元することで、何百年も連綿と受け継がれてきた農村文化の根底に流れるものを再認識し、地域への愛情と情熱を醸成することができるのではないかという予感を、漠然とではあるが、参加者は抱き始めている。

研究室から 1

農業に恵みをもたらす棚田の生きもの
―その研究と魅力

静岡大学農学部　生態学研究室

　棚田では、季節の移り変わりとともに、たくさんの動植物が姿を見せる。調査のたびに初対面の動植物に出会えることが、棚田での調査の楽しみの一つである。私たちはすっかり棚田の魅力に引き込まれ、ついつい調査を忘れて昆虫採集や植物採集に夢中になってしまう。

　近代化された大規模な水田と比べて、棚田の生物相はとても豊かである。ここでは数多くの生物が互いに関係しあい、バランスを保ちながら、棚田の生態系を作り上げている。大発生するとイネに悪影響を与える害虫や雑草もいれば、イネを守ってくれる生物もいる。棚田の畦を覗いてみると、イネの害虫を食べてくれるカエルやクモ、雑草の種子を食べてくれるコオロギやゴミムシが多く生息している。これらの動物は、害虫や雑草といったイネにとって有害な生物の大発生を防ぎ、イネを守ってくれると考えられている。では実際に、害虫や雑草の発生をどれくらい抑えてくれているのだろうか？　これらの動物の生態や食性、さらにはこれらの生息地となる畦の植生についてわからないことは多い。私たちの研究室は静岡県の環境水田プロジェクトと共同で倉沢の棚田で研究を行っている。主な課題は次の3つである。

　(1) コオロギなどの種子食動物が、畦の雑草種子をどれくらい食べているのか？
　コオロギやゴミムシなどの種子食動物は、農地の雑草種子を減らして

くれることで注目されている。倉沢の棚田は、昆虫の生息地となる草地や森林によって囲まれており、大規模な水田と比べてエンマコオロギなどのコオロギ類が数多く生息している。畔の地表面に、「種子カード」という、布やすりに雑草種子を糊付けしたものを設置することで、捕食によって失われる種子の割合を推定することができる。棚田では大規模な水田と比べて、かなりの割合の雑草種子が種子食動物によって食べられ、失われていることがわかってきた。

(2) カエルがどのような昆虫（特に害虫）をどれくらい食べているのか？

カエルは害虫の天敵と考えられているが、実際にどのような昆虫をどれくらい食べているのか、ほとんど知られていない。倉沢の棚田には希少種のニホンアカガエルやシュレーゲルアオガエルを含め、多くのカエルが生息している。これらのカエルを採集し、食べたものを吐き出させ、餌となった昆虫などの種を同定している。

(3) 植生管理の方法が畔の植生に与える影響の解明。

倉沢の棚田の畔は、日本在来の野草を中心とした多様な植生を保っている。そこは害虫や雑草を減らしてくれる生物（カエルやコオロギなど）の生息地でもある。一方で、畔は害虫の発生源としても知られている。害虫の発生源となる雑草を減らし、野草を中心とした多様な植生を維持できる植生管理の方法（草刈り強度）はあるのだろうか？

近年、農業の近代化による、農地の生物多様性の低下が世界的に深刻な問題となっている。今、生物多様性の意義や役割について見直す時期に来ている。倉沢の棚田での研究は、生物多様性が人間活動（ここでは農業生産）に与えてくれる恵み（生態系サービス）を科学的に評価することにつながる。

（静岡大学農学部生態学研究室　市原 実）

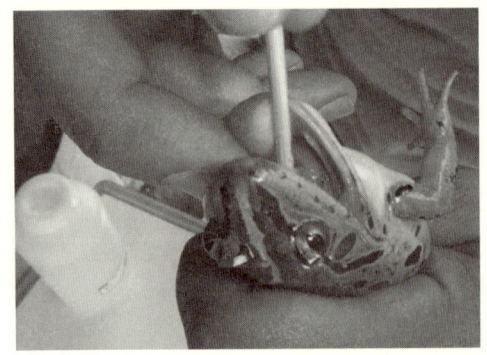

胃反転法によるカエルの胃内容物の調査

雑草種子を食べるエンマコオロギ

畦の草刈り試験の様子

研究室から2

棚田の恵み　棚田への思い

富士常葉大学環境防災学部　下田研究室

　環境防災学部では、失われつつある里山の自然・日本の原風景である棚田を保護するボランティア活動を積極的に行っています。
　私たちの研究室では、静岡県下の棚田の土の中に眠る植物の種子の発芽実験に取り組んでいます（調査結果については20ページ参照）。
　今回の埋土種子発芽調査や棚田ボランティアを通じて、同じ水田といっても日本各地で地域によってとても個性があることを感じました。例えば石垣からなる石部の棚田は、新潟県出身の私から見ると、新鮮であり驚きでした。昔使われていた道は石段で、とても歩きやすく石が配置され先人の技術を感じます。石部の棚田は岩石が豊富な土地柄が表れています。残念ながら、場所によっては岩石が多い分、泥が少なく小砂利の場所もあり、イネの生育にとって良いとは言えないところもありました。
　平地の水田に比べ、棚田は先人の大変な苦労によってできました。そして米作りも、傾斜地や複雑な形状のほ場のため、平地よりも余計に労力を費やします。地元の方のお話によると、「（米を）作るのも一苦労、そして収穫した米を運ぶのもまた一苦労」、それでも生きるため、代々受け継ぎ大切に守り続けてきたそうです。
　棚田と管理する技術は簡単には失くしてはならない、そんな気持ちで今までボランティアを行ってきました。そしてボランティアや今回の調査によって、私たちのような外部から来た者が棚田の新しい魅力を見つ

け、もっと多くの人に棚田の素晴らしさを知ってもらい、棚田や地域の役に立てれば幸いです。

(増川朋宏)

指導して下さる地元の方々と先生・学生

　私が「棚田の埋土種子発芽実験」を卒業研究に選んだのは、大学のボランティア活動の一環である、「松崎町石部の棚田」作業支援ボランティアに参加して、棚田に興味を持ったからです。
　ボランティアを通して、棚田の景観のすばらしさや稲作の大変さ楽しさ、地域住民の方々との温かなふれあいなどを体験できました。また稲作には厄介者になるでしょうが、様々な植物・動物の多さも棚田ならではだと思いました。全てを含めた意味で「棚田」の環境は、人にも動植物にも恵みの環境だと思いました。そんな中でも、私は棚田の植生に興味を持ち卒業研究で発芽実験に取り組もうと思いました。
　今回調査対象に選んだ棚田は、石部・倉沢・大栗安・西久留女木という４カ所です。石部が東部、倉沢が中部、大栗安・西久留女木が西部になります。どの棚田も景観・植生がすばらしい場所です。東部に住んでいる自分にとって、中部・西部で見た茶畑と田んぼが混在する景観が不思議な感じがしました。自分が住んでいる地域は、平地に田んぼ、斜面などの山間地は茶畑があたりまえだと思っていたので、目新しい風景で

した。

　実験を始めた春から夏にかけては、植物の発芽のラッシュでかなり苦労しました。直径30cmのポットに、多いものでは400本を超える個体数が発芽し、カウントするのも抜き取るのも大変でした。

　真夏の暑い時期の調査は忘れられない思い出になりそうです。炎天下の中、半ビニールハウスの中での、大量の植物の調査。体力的にも精神的にもかなりまいりました。しかし、ミジンコやヤゴ、巻き貝の発生や、アオミドロやウキクサに混じりながらもイトトリゲモやシャジクモといった希少種が発芽していて、新しい発見もあり、暑いながらも楽しく調査ができました。お肌は焦んがり、麦茶色。

　正直なところ、今回の実験に参加するまで、私は植物についてほとんど無知でした。一般的に知られている種類しか種名がわからなくて、今回の実験で調べた植物も、以前はひとくくりに雑草というふうにしか思えなかったと思います。

　しかし、今回の実験で様々な植物の種名・特徴を知りました。中でも、大量発生した「ムシクサ」「タネツケバナ」「コナギ」「イ」などの、カウント・抜き取りに苦しんだ植物。種を特定するのに、口に入れ噛んで辛い思いをして覚えた「ヤナギタデ」。発見の驚きをくれた「イトトリゲモ」や「シャジクモ」。今まで一般的な種名しか知らなかった自分とくらべると、実験を通じてかなり成長できたと思います。

　最後に、棚田は生物にとって恵みの場所ということを、現地調査、実験を通じて改めて実感しました。サルやイノシシなどの大型動物、カニやカエル、ヤゴを含めた昆虫等の小動物たち、様々な植物たち。本当に生き物の宝庫だと思います。こんなにすばらしい棚田という環境を絶えることなくいつまでも維持し続けてほしいと思います。

（杉山裕信）

　わたしにとっての棚田とは「石部の棚田」であり、その場所は、心と体の癒やしの場所である。

　「石部の棚田」には、大学でのボランティアで年に数回行っている。

生まれて初めて棚田という場所を見たときは、その景観にとても感動したのを今でもはっきり覚えている。見渡す限りに自然が溢れ、標高が高く見下ろした先には海と街が広がっていた。わたしは静岡生まれ静岡育ちだが、こんな素晴らしい景観が静岡県内にあるとはまったく知らなかった。

　そんな雄大な景色の中での棚田の作業は、楽なものではなかった。面積が広いので移動にも時間がかかってしまうし、なんといっても人手不足なのである。毎回汗をたくさん流しながら夕方まで作業を進める。わたしは普段運動をまったくしないので、1日目にして筋肉痛になってしまう。そんな疲れた体を癒やしてくれるのがいつもお世話になっている民宿だ。おかみさんの笑顔と温泉、伊豆の美味しい料理を食べると、いつのまにか疲れがなくなっている。民宿に泊まるのもボランティアの楽しみの1つだ。

　わたしたちが行う2日間の作業だけでも体がクタクタなのに、それを毎日行いながら棚田を維持していくのは本当に大変だと思う。だからわたしは、少しでも力になりたいと思い、1人でも多くの人がボランティアに参加してもらえるよう、棚田のすばらしさを皆に伝えるように努力をしている。

　その1つとして今回卒業研究で「棚田の埋土種子の発芽実験」をやろうと決めた。実験では、同じ棚田の土なのに、地域や水位によって発芽する種がだいぶ異なることが面白いくらいはっきりした。中には絶滅危惧種にも登録されている、「イトトリゲモ」と「シャジクモ」が発芽した棚田もあり、他の人が思う棚田に関する価値観が少しでも変われば、それだけで実験をして良かったと思えるだろう。

　最後に、わたしは棚田に出会えて本当に良かったと思う。そしてこれから社会人になっても、心と体の癒やしの場所として棚田を利用していきたいと思うので、何十年先も今の棚田がそのままの形で維持されていることを願っている。

（杉山孝介）

研究室から3

倉沢の棚田の四季

静岡産業大学情報学部　中村ゼミ

　私たち中村ゼミの3年生は、それぞれが関心をもつ主題について民俗学的な視点から現地調査に基づく研究をしているが、今回は倉沢の棚田に関し、共同で信仰、年中行事、生業などについての聞き取り調査を行った。その一部を次に紹介することにする。本稿は、菊川市上倉沢の土屋三郎さん（大正9年生まれ）・堀一枝さん（大正15年生まれ）・山本哲さんなどからうかがったお話をもとに記述した。

地の神祭り

　毎年12月15日に"オシャガミサマ"といわれる地の神様の祭りが行われる。堀幹夫さん宅の場合、先代お手製の梯子で石垣を登ったところにある、南天の木に囲まれたところに祠がある。竹を2カ所で折った骨組みの周りを藁で編んだものである。これを作ることをタテマエといった。当日は藁ツトに載せた赤飯を供え、そこより一段低い所（地面）で"オシャガミサマ"が行われる。オシャガミとは文字通りしゃがむことをいう。しゃがんで、手のひら

地の神様を拝む

に赤飯をもらい受けて食べるのである。この時は幹夫さんに赤飯を分けていただき、一度拝んでから口にした。この行事は普通、夕方や夜に行うという。

　また、堀三郎さん宅の地の神は家の裏、茶畑の近くに祀ってある。こちらも竹と藁で作られ、よりしっかりとした作りだった。中にはご神体と思われる石が置かれ、祠の両側にはコンクリートブロックも置かれていた。やはり前には赤飯が供えられていた。

　その他にも、家の裏側に手作りの祠を岩で囲み、前に2～3体の大黒様の小さな石像を置いた家や、自宅北側の小高い所にコンクリート製の家形の祠を祀っていたお宅もあった。

　なお、筆者は御前崎市（旧浜岡町）に住んでいるが、我が家でもその日は毎年"アキハサマ（秋葉様）"といい、地の神様のお祭りをしているが、ここ十数年と以前では、やり方が少々異なるので両方記して倉沢との比較資料にしたい。

　まず現在の話であるが、地の神様は地所の中に置くとされ、自宅の裏の隅の方にある。家の形をしたコンクリート製で10数年前に購入したものである。以前は木の扉も付いていたが、今は壊れて消失している。"アキハサマ"当日は、このイエの周りにぐるりと砂をまき、お供え物をあげる。赤飯、野菜の煮物（人参、ごぼう、コンニャク、レンコン、タケノコなど）、油揚げの煮たもの、お酒、大根と人参のナマスをそれぞれ白い小皿に載せて、地の神様の前に供える。さらに尾頭付きの2匹の小魚（イワシ）を竹笹に刺したものを地面に置き祠の方に立て掛ける。その日の夜は、班の各家の代表1人が集まって食事会をする。

　次に昭和30年頃～平成5年頃までの話である。昭和10年生まれの祖母に聞くと、自宅の裏の大きな木の根の所に地の神様があったという。タテマエといって、毎年新しいイエを私の祖父が手作りしていた。柱となるよう竹を2カ所折って四角くし、周りを藁で編みこんだもので、最終的に地面に差し込んでイエ（祠）としたらしい。また、お供え物を載せる器も手作りしていた。新藁で椀もしくは皿の形に編んだ器に、赤飯と煮た油揚げをそれぞれ載せて供えていたという。そして、周り番と

いって毎年班の中の当番の家が料理を作ったり注文を取ったりして、班内各家の主人がその家に集まって共に食事をしたという。

　倉沢の地の神祭りが、今後どのように変遷していくのか、我が家の事例と比べることで、なんとなく予測できそうである。

（長島知世）

お茶作り

　土屋さんや堀さんが小学生や今の中学生ぐらいの時の話である。昔は兄弟が多いから、年長の子が親代わりに弟妹の面倒をみた。お茶時になると両親はそろって畑仕事に行くため、小さい子供の世話ができない。そこで兄や姉が遊ぶ時にも下の子どもを連れて行った。学校で授業のあるときでも一緒に連れて行き世話をしていたという。牧之原の方にお茶の実を買ってくれる人がいて、三郎さんが小学生から中学生ぐらいの時、茶畑によく集めに行ったりした。

　お茶時はとくに忙しいので、上の子は学校を早退したり、休んで家の仕事を手伝った。そのため学校に来る子供のほうが少なくなってしまったので、お茶時の1週間ほどは学校全体が休みになった。これをお茶休みといった。お茶休みは一番茶の時だけだったが、それは当時機械などなかったうえに、一番茶は手摘みで時間がかかったためという。一番茶は八十八夜の頃に始まるが、土屋さんのところでは、遅い時には6月5日位まで摘んだこともあった。

　この辺では、自らは製茶をせずに川崎（現牧之原市）・菊川の方に生葉を売りに行く者もあった。土屋さんは仲間と二人で生葉を買い集める仕事もしており、持ち込まれた生葉を棒秤で計量した。棒秤は棒の片側にお茶を載せる皿を吊るし、もう片方に分銅を吊るしたものである。生葉を運ぶ際には、蒸れないようにムシロをタテにして（袋状に作ること）、その中にギュウギュウに詰めてリヤカーに載せて運んだ。いっぱいに詰め込むとかえって蒸れない。途中でパンクしたりすると、袋の中身を道路にひろげて蒸れないようにしたという。また集荷業者が内金を持ってきたときが、ちょうど田植えの時期にかさなったりすると現金を家に置くのが心配なので、腹に巻いて田植えをしたこともあったという。

土屋さんは、奥さんの実家が菊川でお茶の販売をしていたのを長年手伝ったので、集金と売り込みを兼ねて東京・群馬・岩手・青森・福井などに1週間程かけて出張した。戦後間もない頃で、もちろん新幹線などなかったし全行程は鈍行だった。

茶草を束ねる

　茶畑の畝の間に敷きこむ草をチャグサ（茶草）という。茶畑内のノリ面や河原に生える笹やすすき、ヨシなどを刈り取り、持ちやすい大きさに束ねて積んで置く。今ではそれを裁断して散らすように入れる。なお、ススキの葉は、盆のときに墓や盆棚に、上部を切り揃えたものを花と一緒に供えていることに注意しておきたい。

　茶業もすこしずつ変化していて、以前は一番茶が圧倒的に値がよかったのが、2008年はかなり安くなった。代わりに10月から11月にかけての秋冬番といわれる下級茶が売れるようになった。ペットボトルにするための需要が多いのだという。
〈西田あゆ美〉

年中行事

　〈暮れから正月〉　大掃除は12月28、29日に一斉に行われ、あちこちから畳を叩く音が聞こえた。役場から見回りが来た。大掃除が終わった夜、オサクラサンと呼ぶ醤油ご飯をみんなで食べた。

　餅つきは30日に行ったが、丑の日は避け、31日は一夜餅といって餅をつかない。31日は墓参りをし、その夜、年越しそばを食べる。除夜の鐘とともに駒形神社に参拝する。これを一番参りといい、役員が汁粉を配る。お正月にはお墓参り、寺社参り、仏壇にお飾りを付ける。

　1月4日はハツヤマといい、鉈で屋敷内の枝を切り半紙に包んだ餅を

供えた。11日はタブチコウといい、家族の男の人数分のカヤを田に立て3鍬おこした。正月やお節句には結婚式の時のお世話人に大きな紅白の餅を持参した。何組も世話した人の家には餅がズラリと並んだ。20日はオイベッサンのお供えといって、一升どりくらいの大きな餅で雑煮を作って供えた。

盆には墓にススキを供える

＜盆行事など＞　かつてお盆は7月23日の晩から始まった。本来の時期と異なるのは、お茶時期に重ならないように10日送りとしたためである。しかし30年ほど前から8月盆に変更している。竹を切りその竹の先を10

盆のトウロウ

くらいに裂き、その先に縄を巻き土で固めたトウロウにトボエ（松の根）を載せて火を付け、13日の晩から毎晩迎え火を焚いた。これは遠州地域で広く見られる迎え火と同じ形式である。屋内では初盆の場合、仏壇の前にオショウロウダナ（精霊棚）といって、青竹を4本立てて30cmほどに切ったチガヤ（青いススキ）で三方を囲んだ棚を作り、キュウリなどの牛馬を載せた。また屋外では、ヒャクハッタイといって、108本のロウソクを並べて灯した。

14日にソウメンを食べ、15日にオハギを食べ、16日にはミヤゲダンゴ（土産団子）を食べる。以前は16日の朝にオショウロウを川へ流したが、今は広場に集めて焼く。

＜秋の楽しみ＞　10月に潮海寺（菊川市潮海寺）で祇園祭が行われる。親類などに招かれて見に行く者が多かった。収穫後、麦畑の中に小屋を建て、村の人や芸者を呼び、時代劇などの芸を見物した。ちょうど寒くなりかけの頃で、上に羽織るものを持っていった。また初倉の大柳からは神楽が来て、全戸を数日かけてまわった。お礼は米だった。

収穫を終えることをカリアゲといい、鎌に供え物をした。また籾摺り

が終わったときは、神様には12人の子供がいるからと、黄色いオボタ（牡丹餅）12個を唐うすに供えた。

11月末に「お庚申さん」を行う。昔は交代で当番をつとめ自宅を会場にした。竹の簾を編んでその上に供物を載せた。今では揃って御前崎あたりの民宿に出かける慰安会にかわった。

（齋藤志乃）

中国人留学生が出会った大連のお札

土屋三郎さんのお宅にうかがい、わざわざ来てくださった堀一枝さんのお二人からお話を聞かせていただいた。私は大正生まれの方と話をするのが初めてで、少し聞き取りにくかったけれど、とても面白かった。昔の日本の小学生たちの生活とか、遊び方とか、お盆の前後、お正月の

大連神社のお札

前後にはどんな物を準備したとか、どんな風に楽しく過ごしたとか、中国では見たことも聞いたこともないようなお話を聞くことができて、とてもいい経験になった。外国人として初めて日本の伝統的な家に入り、日本人の暮らしぶりを自分の目で見たことは貴重な体験となった。特に、床の間で各地のお札をたくさん貼り込んだ掛け軸の中に大連のお札を見つけた時には、故郷を思い出した。土屋さんの祖父が中国に行った時に持って来た物らしい。思いがけず日本の田舎で出会ったのも何かの縁だと思った。お菓子とお土産にいただいたお茶がすごく美味しかった。日本にいる間に、また機会があったら、いろいろな所に調査に行ってみたいと思っている。

（孫黎黎）

研究室から4

棚田保全ボランティア体験・生き物たちと里山景観の再生

東海大学海洋学部　水棲環境研究会

はじめに

　里山は、人々が生活や野業（含む農業・茶業・林業）を行う上で必要な水田・畑・水路・小川・田んぼ等々が集落の周りに分布している状態であり、その場所に住む人々の営みに対応した様々な生き物が生息している野生生態系環境を表している。例えば、水田や水路や小川および田んぼには、ゲンゴロウ、タガメ、メダカ等の名高いものが、昨今、絶滅が危惧される種類となっている。

　この里山環境の一つに、傾斜地を切り開いて石を積み重ねて作った段丘上にある小川と棚田の存在がある。棚田の役割は、農業はもちろんのことであるが、積み重ねた石垣は崩れやすい山々を支え、川は洪水を防いでいる。また、水辺にすむ昆虫や小さな生き物たちの繁殖場所やすみかにもなっている。

　しかし、棚田は1960年代以後、山村の過疎化、農業従事者の高齢化・後継者不足、地理的に機械化の導入が大変困難なところから我が国の減反政策の対象地となった。このような理由から、現在全国にある棚田の9割程度は耕作を放棄して荒れ野原状態にあるという。

　水棲環境研究会は、菊川・上倉沢の棚田保全活動に賛同し、春季・秋季連続のボランティア活動を行っている。最近では地元の棚田保全推進委員会や地元自治会の方達と親密に談笑できるようになった。この菊川・上倉沢の棚田は、昔は2000枚（面）ほどあったというが、保全推進委

員会が地元の有志により立ち上げ再開拓した当初は200枚（面）程度からだったという。里山環境における身近な保全が今では郷の自慢と誇りになりつつあるように感じてきた。

また、水棲環境研究会では田植えと稲刈り時期の生き物調査を行っている。

以下には、2005年から調査継続している、小川・田んぼ域での観察と採集で確認された生き物たちの春季と秋季の出現分布記録を示し（第1表）、ボランティア活動の体験の成果と感想等について述べる。

第1表　菊川棚田の水路（小川・田んぼ）の生き物観察・採集記録
（2005.06～2008.06）

No.	採集・観察種	6月,2005	6月,2006	6月,2007	6月,2008	10月,2005	10月,2006
1	カワムツ		*		***	***	**
2	ヨシノボリ	****	**			****	*
3	シマヨシノボリ			**	**		***
4	ドジョウ	*	**	*	**	**	*
5	シマドジョウ	**	**	**	***		***
6	ウキゴリ	**	**			**	
7	シマウキゴリ		**		**		*
8	メダカ	****	****	**	*	****	****
9	タモロコ		**	**	****	**	***
10	アメリカザリガニ	***	**	**	**	****	***
11	ヤマトヌマエビ	*	**				
12	サワガニ	**	**	**	**	**	*
13	ジャンボタニシ	****	****	*	**	****	***
14	カワニナ	****	**	****	****	**	***
15	ツチガエル		*	*	**	*	
16	オタマジャクシ		****	****	****	**	
17	ニホンアマガエル	**		**	**		**
18	トノサマガエル			*		*	
19	アカガエル			*			*
20	ヌマガエル						
21	ツチガエル			*	**		*
22	ニホンマムシ					*	*
23	イモリ	***	**	****	***	**	**
24	ヤマカガシ		*				
25	ニホンイシガメ					*	
26	カヤネズミ					*	
27	ハイイロゲンゴロウ			**			
	計	12	17	17	16	18	18

採集・観察個体数；*1,**2-5,***6-10,****11＜

棚田保全ボランティア体験・生き物たち
〈体験レポートその1〉

　路上からの眺めは壮観であり、豊かな緑に囲まれていた。普段は見かけない身近な生き物をたくさん見ることができた。下を流れる小川は護岸が人工的なものであったため、生き物がいるか少し不安であったが、川底を漁ってみると意外にもカワニナ・サワガニが多く採集され、蛍（ゲンジボタル・ヘイケボタル）が多く見られるという話も納得できた。他にも、婚姻色が現れた大型及び小型のカワムツもタモ網で採集され、多くの繁殖や世代交代が狭い所で行われていることに感動した。ただ、メダカの分布量が少ないことは少し不安に思われた。

　2007年の秋季にあった稲刈りに参加したため、棚田に行くのは2回目であった。今まで田植えの経験はなく、テレビなどで得た知識から「どのようなことをするか」を漠然と知っていただけであった。そのため「なんとかなるだろう」とは思いつつも、多少の不安があった。現地に到着し、身支度をしながら棚田に向かうと、すでにたくさんの人たちが集まっていた。親子連れやカメラマンが多く、たくさんの人が棚田環境に興味を持っていることを感じた。中でも子ども達は、すでに田んぼの中に入りたい、といった様子。田んぼに張られた水の中を覗き込む姿がとても印象的であった。このくらいの年齢でこんなところに来ることができたら、きっと同じような様子になるだろうと感じた。

　現地の方の説明の後に田植えが始まり、田んぼの中に入ると生き物が動きまわる様子を観察し、思わず田植えを忘れてしまいそうになるくらいであった。ぬかるみに足を取られながら見よう見まねで苗を植えていき、時間が経つにつれて丁寧に作業できるようになったのではないかなと思った。生き物については、昨年の時期と比較して棚田環境が全く異なるためか、圧倒的に田んぼの中の生き物が多かったように思った。生き物を見ながらサークルの人たちと作業するのはとても楽しく、疲労はさほど感じない。また近くの田んぼでは、半身泥だらけになりながらも楽しそうに田植えをする子どもや園児たちがいて、楽しんでいる空気が広くあったことがとてもうれしく感じた。

田植えが終わり、午後からは棚田近くの小川および田んぼなどで生物採集を行った。私達が向かったときには、すでに棚田の田植えに参加していた人達の多くが水路および小川に集まっていた。今回はイモリ・シマドジョウ・カエル・アメリカザリガニ・ヨシノボリ・ウキゴリなどが採集できたが、先輩や先生の話から、昨年度などよりもメダカがあまり採集できていなかったことが気になった。また、かなり多くの人が採集を行っていた状況から、乱獲の恐れがないか、水量不足にならないか少し気がかりであった。

菊川上倉沢の棚田ボランティア活動（田植え作業）

〈体験レポートその２〉
　今回、初めての田植えでしたが楽しみながらも大変さを感じた。毎年これらの作業を行うだけでなく、他にも一年を通して稲の状態を気にかけながら保全・維持していくことは並大抵のことではないと思った。このボランティア活動を通して、農家の大変さや大切さを学ぶことができたのではないかと思った。
　今まではアルバイトや他のボランティアがあって一度も参加することができなかったが、３年目の今年（2008年）ようやく参加することができた。これまで棚田というものを見たことがなく、また田植えという作業もしたことがなかったので、この行事が非常に楽しみであった。
　田植えボランティアの当日は時期的に梅雨の季節であったので天候が

心配された。雲はあるものの雨は降っておらず何よりであった。棚田のある菊川上倉沢に近づくにつれ建物も減り、その代わりに緑が増えてきた。途中に流れていた菊川も大変きれいな川で、非常にのどかな良い景観であった。

　その後現地に到着し、着替えをして棚田の方へ。田植え作業前にNPO法人の方から声をかけていただいた。どうやら２年前から棚田周辺の生物調査を行っているようで、機会があればデータ交換も行いたいとの話も出ていた。毎年学生がボランティアの活動に来ているという話から、自分と引率の先生に声をかけてくださったのだそうである。年々の地道なボランティア活動がこのような出会いや結果をもたらすのだなと改めて実感した。

　その後、田植えを体験。泥が腿までつかる所もあり少し驚いたが、とても暑い日だったので泥が冷たくて逆に気持ちよかった。田植え作業はそれほど難しい作業ではなく、またサークルで大人数で行ったのでたくさんの苗を植えることができた。作業中にイモリ、オタマジャクシ、カエル等が普通に足元を泳いでいたので、菊川の棚田の自然の豊かさに改めて感動した。

　今回、３年での初参加だったことを後悔した。１年の時から参加していればと改めて思う。秋の稲刈りや来年の棚田での活動も是非参加したい。

里山景観の再生

　南北に延びる日本列島は、多様な気候・季節・地形に恵まれて、多くの生き物が周年生息している。青い空、清澄な空気、煌めく木々の葉、小川のせせらぎ等々。これらの言葉から、どのような想像力が浮かぶだろうか？「原生林」や「里山の景観」、それとも「都会の現空間」であるか？　大切なものは目には見えない。だから心で読みとるんだと星の王子様に教えてくれたのは、狐であった。目には見えないからこそ、出来る限り想像し、想う心が大切であろう。

　「心で見る」景観は、人それぞれの癒やしの彩である。想像力の違い

は「生き物や自然」について間違った想像力を生み出すかもしれない。我々は、目の前の損得のみを追求しがちである。今、住んでいる土地に、かつては多くの生き物・水棲種・野鳥・蝶・蜻蛉・昆虫がすんでいたことも、身近に多くの生き物が生き続けながら繁殖・進化していることも、忘れてはならない。

「開拓」は我々を豊満にしてくれるが、自然環境が滅んではナンセンスである。この地球環境すなわち里山景観を保護・再生する目的は、「自然が可哀想」などの感傷ではなく、我々の生命と生活を保守するためのものである。豊かさと自然保護の共有「持続可能な開発」を図りながら、よりよい未来の自然環境を創造し次世代の子らへとつなぐこと、「豊かさのためにも、生き物たちが生息できる環境と滅びゆく里山景観」を保護し、これまでの自然環境景観を取り戻すための再生プロジェクトが重要である。

里山における高い木枝、茂る林の中から野鳥たちの愛のさえずりや、蜜を求めて野花から野花に飛び交う蝶たち、水辺の葉先に留まるトンボたちの休息、小川の淵に群れる淡水魚など、里山環境が繰り広げる景観は、不思議であり、魅惑と感動に満ちている。これらの出会いを重ねることで、里山環境の魅力と美的威力に気付き、学ぶことができる。その積み重ねから、我々は、自然環境と言葉のない生き物たちとのつながりを里山景観で理解できる。

風の感触と小川の流れの音を聴くことが、生きている証しであって、勇気と希望が湧出し、癒やされることである。森林と小川から発する諸生態情報は、その里山環境からの神秘的メッセージとして記録される。先ずは、自然な純粋な気持ちと清澄な眼差しを自然力に近づけてゆく。五感を澄ませ、全方向に感受の扉を開いて、里山環境の景観からの自然生態系情報を目と耳に記録することが里山再生の第一歩である。

自然の大切さを痛感しても、実際にとるべき方向性が分からないため、行為・行動に移せないこともある。誤解や思い違いによって自然保全再生を目的としながら、気づかずに自然に負荷を与える善意の悪影響も少なくない。多くの産業分野の人達と接して、多面的な未来視野から自然

環境と景観と生き物たちの生態系現況を見て判断し理解し、その現象を観察・採集により記録・継続することが、自然環境を知る上で大切なことであり、再生へのつながりとなると考える。

あとがき

　このような自然生態系の存在意義からも、棚田を含む里山環境の景観と生き物たちの保全・保護・再生が重要である。「水棲環境研究」として、今後も菊川上倉沢棚田の田植え＆稲刈りを続け、多くの部員各位の賛同を得て、棚田保全ボランティア活動をさらに推進し、次世代へと継承したい。菊川上倉沢の棚田環境景観の保全と、ここに生息する生き物たちを保護・再生するための提案の一つとして、市中央に自然公園博物館を作り、小規模なビオトープ（池）で貴重な生き物の水槽飼育管理をすることを挙げたい。ただし、ビオトープでは、日本固有種を生息・繁殖させ、周年にわたり川底や流水量・葦・藻場等を繁茂させておくことが重要であり、そのための管理手法の確立は自然界の再生に重要な生物土木工学的応用技術の課題として残される。

　　　　　　　　　　　（常川和樹・塚田敦志・天崎綾沙子・岩崎行伸）

菊川上倉沢の棚田ボランティア活動（稲刈り作業）

〈参考図書〉
自然観察入門（1975）：中公新書、日浦勇著
野外観察図鑑①昆虫、改訂版（2002）：曜文社
日本野生動物（2002）：ヤマケイポケットガイド24、山と渓谷社
里山を歩こう（2002）：岩波ジュニア新書、今森光彦著
日本の淡水魚（2000）：フィールドベスト図鑑6,学習研
里山生きもの博物記（2003）：山と渓谷社、荘司たか志著
富士山と生き物たち四季の魅惑Ⅰ（2003）：黒船印刷、岩崎行伸著
富士山と生き物たち四季の魅惑Ⅱ（2004）：黒船印刷、岩崎行伸著
ビオトープ（2004）；誠文堂新光社、近自然研究会編
2004・2005年度活動報告書（2005）：東海大学海洋学部　水棲環境研究会
蛍舞う里山環境景観と生き物たち（2007）:geocities.jp, 岩崎行伸著

静岡県の棚田保全に関する取り組み

平井 梢（静岡県建設部　農地計画室）

概要
　県内の農村では、高齢化と担い手不足から農地や里山などの保全管理が困難になる集落が増加しており、特に急傾斜地に広がる棚田では、耕作放棄が進んでいる。一方、農山村地域の伝統的な風景である棚田は、食糧生産の場としてだけでなく、美しい景観や洪水の防止、豊かな生態系の保全などの様々な機能が見直され、県内各地で棚田保全活動が取り組まれるようになった。本県では、これらの多面的機能を有する棚田を保全するため「ふるさとの棚田保全基金」の運用益により、ボランティアによる保全活動の支援等を行っている。

「日本の棚田百選」と「静岡県棚田等十選」
　国では1999年に、棚田の保全活動を推進し、農業農村に対する理解を深めるため、全国の優れた棚田を「日本の棚田百選」として認定した。本県では「久留女木の棚田」「大栗安の棚田」「荒原の棚田」「下ノ段の棚田」「北山の棚田」の5地区が認定された。こうした国の動きを受けて、本県でも広く県民の皆さんに、棚田の持つ多面的機能と県内の農業や農村への理解を深めてもらうことを目的に、「静岡県棚田等十選」を選定した。本県の中山間地域には、特色あるわさび田や茶園、段々畑が随所に存在していることから、選定の範囲を棚田等と広く捉えている。選定委員からは、十選の選定を契機として実際に保全活動が取り組まれてい

くことを望む意見が強く出され、同年11月に棚田の保全活動を支援するボランティア組織「しずおか棚田くらぶ」が発足した。

ボランティア組織「しずおか棚田くらぶ」の活動

　「しずおか棚田くらぶ」の活動の第一歩は、菊川市上倉沢において、地元の保全活動組織である「上倉沢棚田保全推進委員会」と連携し、アシやヨシが生い茂ったかつての棚田を田んぼに戻すところから始まった。活動開始当時は開墾に等しい復田作業を強いられ困難を極めたが、継続した地道な活動のかいあって、水田が復元され田植えができるようになると、くらぶの活動は地元の園児や小中学生、地域住民等の参加を得た輪に広がり、こうした取り組みがテレビや新聞等のマスコミでも取り上げられるようになった。

菊川市上倉沢で荒れた棚田を復田

「棚田オーナー制度」の普及

　棚田保全活動が地域の活動として定着していく中、地域の保全活動組織と域外からの参加者との交流が深まって、活動支援策の一つとして「棚田オーナー制度」が提案された。これは、域外の参加者等に一区画一定金額で棚田のオーナーになってもらい、オーナーは農作業体験を通じて棚田で収穫した棚田米や地域の特産品等を受け取る制度である。現在全国で70地区が導入している（全国棚田連絡協議会ホームページより）が、値段や活動内容、宅配物の内容等は地区ごとに様々である。

　本県では、2002年に松崎町石部地区が初めて「棚田オーナー制度」を導入した。石部の「棚田オーナー制度」には、「オーナー会員」と「トラスト会員」の二つの会員がある。「オーナー会員」は年会費35000円

を支払い、指定された約100m²の田んぼで田植えや稲刈りを体験し、収穫した米20kgを受け取る。「トラスト会員」は年会費10000円を支払い、棚田全体で農業体験を行い、収穫した米5kgを受け取る。二つの会員を設けることによって、棚田への関わり方を選択することができる仕組みになっている。オーナー制度導入当初は申込者の大半が県内であったが、保全活動を通じて松崎町の海、料理、温泉といった観光資源を楽しむことができるようになり、最近では首都圏のオーナーが約7割を占めている。また、オーナー申込者は年々増加しており、リピーター率も6割と高くなっている。松崎町石部地区のオーナー制度は全国でも成功している事例の一つといえよう。

「一社一村しずおか運動」の広がり

　「棚田オーナー制度」の普及により、地元の保全活動組織である「石部地区棚田保全推進委員会」と「しずおか棚田くらぶ」会員等のボランティアが中心だった棚田保全活動に、県内外から多様な人々が参加するようになり、最近では、企業や大学等の団体が棚田保全活動に参加する取り組みが増えている。こうした農村と企業等の双方が得意分野や特色ある地域資源を活用し、協働による地域活性化を図る取り組みは、県が推進している「一社一村しずおか運動」そのものである。

　例えば、大手医薬品メーカーであるアストラゼネカ株式会社は、ＣＳＲ活動（企業の社会的責任）の一環として、全国の棚田を中心とした農村地域での環境保全活動等を支援するプロジェクトに取り組み、県内では松崎町石部、菊川市上倉沢、浜松市天竜区大栗安の3地区の棚田で復田や草刈り、稲刈り、農道の清掃作業等に取り組んでいる。

　また、富士常葉大学環境防災学部の学生たちは年に数回泊まりがけで松崎町石部地区を訪れ、棚田の草刈りや畔塗り等の地元農家にとって負担の大きい日常管理を手伝っている。学生の若い力は頼りになり、地元は適時適切な支援が得られると大変喜んでいる。

　棚田における「一社一村しずおか運動」では、こうした企業が農村に労働力を提供したり、農村が企業に農業体験の場を提供したりするなど

の双方のメリットだけでなく、新しい試みも始まっている（238ページ参照）。

　2006年度から松崎町商工会が中心となって石部の棚田米を使った焼酎「百笑一喜（ひゃくしょういっき）」を商品開発し、製造を富士錦酒造株式会社が、販売を株式会社平喜と松崎小売酒販組合が担当し、焼酎の売り上げ1本につき15円を棚田保全活動に寄付する取り組みを始めている。「百笑一喜」は売れ行きが好調で、地域ブランド商品として期待が高まっている。

　また、地産地消に取り組む静岡市内の居酒屋「賤機（しずはた）はん兵衛」は、棚田米を使ったメニューや焼酎「百笑一喜」を店内で提供し、売り上げの一部を棚田保全活動に寄付するとともに、店内で棚田保全についての情報発信に取り組んでいる。

保全活動を行う富士常葉大学
環境防災学部の学生

売れ行きが好調！
棚田米焼酎「百笑一喜」

新しいボランティア組織「しずおか棚田・里地くらぶ」の発足

　地元の熱意や努力とボランティア組織「しずおか棚田くらぶ」の支援により県内の棚田保全活動が一般に周知されるとともに、「棚田オーナー制度」の普及や「一社一村しずおか運動」の広がりにより、多様な主体が棚田保全活動に参加するようになった。

　しかし、保全活動の輪が広がる一方で、活動リーダーの高齢化が進み、一部の地区では保全活動の継続が危惧されている。

　また、保全活動の立ち上げを希望しているが、活動に参加する多様な主体との交流や支援の受け方等がわからないため、活動の一歩を踏み出

せない地区も見受けられる。

　こうした中、今後、多様化する地域ニーズに応える保全活動の支援を図るため、2008年3月に「しずおか棚田くらぶ」を解散し、2008年の秋、新たな目的を追加した「しずおか棚田・里地くらぶ」が発足した（236ページ参照）。

　新たなくらぶの特徴としては、活動のフィールドを里地にも広げたこと、また、保全活動を支援するサポーター会員に加え、地域活性化に精通した様々な分野の専門家を加えたアドバイザー会員派遣制度を設けたこと、棚田や里地を食育や環境教育の場として活用する学校会員制度を設けたことがあげられる。

　特に、アドバイザー会員派遣制度は、保全活動の継続方法に思案している地域やこれから保全活動を計画している地域に対して、地域の要望に応じた適切な助言・指導が期待できるアドバイザーを派遣することにより、新しいアイデアを取り入れた保全活動の活性化を目指すものである。

今後の方針

　本県では、2008年度棚田保全活動のホームページを立ち上げ、保全活動地区の情報やボランティア組織「しずおか棚田・里地くらぶ」の紹介など、県内の棚田に関する様々な情報をいち早く伝えている。

　また、平成22年度（2010年）全国棚田（千枚田）サミットの開催地が松崎町に決定したことを契機に、「しずおか棚田・里地くらぶ」の支援や「一社一村しずおか運動」の推進を通じて、多様な主体の参画による棚田保全活動の輪を広げ、農村地域の活性化を図っていく。

「静岡棚田サミット」

*この原稿は、静岡新聞2008年7月29日に掲載されたものです

<出席者>
髙橋周藏（松崎町石部「石部地区棚田保全推進委員会」委員長）
山本哲（菊川市倉沢「上倉沢棚田保全推進委員会」代表）
鈴木芳治（浜松市天竜区「大栗安棚田倶楽部代表」代表）
入谷重徳（浜松市北区引佐町「久留女木棚田の会」代表）
<オブザーバー>
中井弘和（静岡大学名誉教授・清沢塾代表）
<コーディネーター>
大石智広（静岡県農林技術研究所）

髙橋周藏 　　山本哲 　　鈴木芳治

入谷重徳 　　中井弘和

農村景観や環境の保全、土砂災害防止の上で棚田の保存は必要とされる。半面、農作業は重労働で、収穫できる米は少量という、本来なら淘汰されゆく農業でもある。保存会活動がよく知られる県内4地区の棚田の代表者がこのほど、静岡市葵区の清沢に集まった。県農林技術研究所主催の「静岡棚田サミット」で4人が本音を語った。

　清沢には、不耕起の自然農法で稲作を試みる「清沢塾」という市民クラブの棚田がある。塾長を務める元静岡大農学部長の中井弘和さんもオブザーバーとして参加した。「東北の米産地でさえ20ha作っても食べていけないのが現実。棚田の問題を考えることは、農業全体の問題を考えることだ」と中井さんは言う。

労働力確保が課題

鈴木　天竜は働き手のほとんどが浜松市街地へ勤めに出ているので「わくわくコンコン玉」という仲間をつくり、農繁期や下草刈りなどの力仕事を勤めの傍ら手伝っています。個々には早朝2時間ほど作業して勤めに出る人もいるほどですが、田に水を引くのが重労働で、自分が継いだら田んぼを手放すと言う人が出るほど、気弱になっているのが現状です。

山本　倉沢の棚田は保存会が上部を、個人の農家が下部を耕しているので、保存会はやめるわけにはいきません。メンバーはみなお茶農家なので、新茶の時期に田植えをします。だんだん年をとってきて労働力をどう確保するかが一番の課題です。

髙橋　石部の集落は昭和40年に海岸沿いの国道が開通するまで陸の孤島だったんです。道ができると観光客の注目を浴びて、100戸のうち47戸が民宿に転業しました。

　平成8年から棚田の復元を呼び掛けたのですが当初賛同を得られず、オーナー制なら村人が農作業をせずに済むと了解が得られました。今では320人が登録し、リピーター率は60％。1泊2日の体験なので延べ600人ほどが宿泊して民宿から喜ばれています。

山本　松崎は観光地だから民宿が喜ぶという波及効果があっていいですね。うちはオーナー制も取り入れているんですが今は11人。泊まる施設でもあればいいのかもしれませんが。
　一社一村運動にも参加していますが、11月下旬に作業の希望があっても稲刈りは終わり、やってもらう仕事がないんです。実際、田植えや稲刈りはたいして労力はいらないけれど、大変なのは田の代かき、畔ぬり、夏の草刈りですよね。

髙橋　オーナー制はまだ田植えと稲刈り体験だけなんですが、そのほかに富士常葉大の先生で熱心な方がいて、「やればできる」という学生教育をしたいと、年間延べ200人の学生が2泊3日で夏の草刈りなどをやりに来てくれます。

米や焼酎に

入谷　久留女木も高齢化し、自家用米すら家族が減って余るようになりました。そこで、売れる米作りの勉強会を始め、「棚田育ち」という米を農協のスーパーで販売しました。ありがたいことにこれがよく売れて11月から1月の間に完売となりました。勉強会を始めてから、横のつながりが固くなりましたね。水の少ない地域だったから水の奪い合いなどもあったんですが、それがなくなりました。米が売れて思わぬ収入があったもんで女衆が小遣いができたって大喜びで…。

髙橋　昨年から棚田の黒米で「百笑一喜」という焼酎を発売しました。玄米400kgから12000本生産し、一本につき15円が保存会に還元されます。商品に石部の棚田の名を入れることで、保全管理に貢献していることをメーカーはPRする仕組みです。

中井　一般消費者にアンケートをとると2〜3割の人が、値が高くても棚田米を買いたいという。市民はその価値を認めているんです。単なる食用米と別の価値をもっと主張していくべきではないでしょうか。

体験学習の役割

山本　私たちは棚田によって菊川の水質を保全していることが自負です。

それと、子どもたちに「田んぼの学校」を開いて、この棚田から赤ガエルが育つんだよとか、茶わん1杯は何粒の米か、などと教えているんですが、200人以上の子どもが来てくれて、とても喜んでくれます。それがうれしくて活動を続けているようなもんです。棚田の意味を孫子の代まで伝えていくのに、地域だけでは維持できません。

髙橋　石部では地元の小学校と連携して体験学習をしています。小学生の時に一緒に作業をすると中学、高校になっても道で会えばあいさつしてくれる。この間、一緒に稲刈りをやった小学生が駆け寄ってきて、収穫した米でもちを作り施設を訪問したら大喜びされたことを報告してくれて「周藏さんのおかげです」とお礼を言われました。そういう感動を実体験できることこそ棚田の役割ではないでしょうか。

　子どもたちの話になると、声のトーンがひと際上がる。素直な感性にこそ棚田の魅力を見抜く力があるからだ。
　一般市民も、なかなか棚田保全の実態を知る機会がない。活動に参加したい気持ちはあっても、方法が分からず行動に移せない人も多い。これからは、棚田側からの情報発信と一般市民からの需要をつなげるコーディネーターの役割が必要と、新たな課題を認識しあった。

（平野斗紀子）

付録1

笑顔も実らす棚田・里地をつくろう

しずおか 棚田・畑地くらぶ

平日は 仕事人。
休日は 自然人。

自分の手で米づくりや野菜づくりにかかわることで、
気づくことや得るものがたくさんあります。
美しい景観から、心に安らぎを与えてくれる棚田・里地は、農村の過疎化や高齢化などにより
耕作放棄が進んでいます。生態系の保全機能や歴史的文化遺産としての価値が注目されている、
棚田・里地の保全活動には、農作業を手伝ってくれるみなさんが必要です。
みんなの力で笑顔があふれる棚田・里地をよみがえらせましょう。

募集要項

主な活動	●県内各地の棚田・里地で、田おこし、田植え、草刈り、稲刈りなどを行い、棚田や里地をよみがえらせる保全活動を行います。 ●棚田や里地での保全活動を通して、地元の方々やメンバー同士で交流し、さまざまな情報を交換します。
会員	●サポーター会員 年会費 　一般（家族・個人）／1,000円. 　法人・団体／10,000円 ●学校会員・アドバイザー会員／年会費無料
特典	●会員証の発行 ●棚田・里地情報ニュースレターの発行 ●イベント等への参加　●その他特典を検討中

サポーター会員募集！

お問合せ・申し込み先
静岡県建設部農地局 農地計画室
〒420-8601 静岡市葵区追手町9-6 TEL.054-221-2715 FAX.054-221-2449
e-mail:noukei@pref.shizuoka.lg.jp 静岡県農地計画室 検索

「しずおか棚田・里地くらぶ」では、土と太陽と先輩たちが、あなたを待っています。さぁ、ごいっしょに。

松崎町石部地区からのメッセージ

石部地区棚田保全推進委員会
会長 髙橋周藏 氏

富士山と駿河湾を望む棚田で活動してみませんか。農作業体験を通して、すべての人が笑顔になれる「百笑の里」づくりを目指し、平成14年5月に「石部赤根田村百笑の里」が開村しました。すばらしい景観が皆様をお待ちしています。

清沢塾からのメッセージ

清沢塾塾長 中井弘和 氏
静岡大学名誉教授

「清沢塾」は、静岡市葵区清沢地区に残る棚田を復元し、米づくりをしている市民グループです。基本は「楽しく」そして「耕さず、持ち込まず、持ち出さず、草や虫を敵とせず」という無農薬、無肥料の「自然農」を実践しています。静岡市に残る貴重な棚田を守り、里山の自然を大切にしながら、ホタルやモリアオガエルなど貴重な生き物たちと一緒に学生や市民の皆さんの参加も得て、草の中での田植えから秋の収穫まで全て手作業で行っています。

菊川市上倉沢地区からのメッセージ

上倉沢棚田保全推進委員会
会長 山本哲 氏

先人が汗と涙で築いた貴重な遺産、そして我々を育ててくれた棚田。メダカの棲む、ホタルの舞う棚田を守ることによって、きれいな水と緑あふれる自然の大切さを子供達に伝えていこうと頑張っています。復田、田耕し、代掻き、田植え、草刈り、稲刈りと年10回程の活動を行っております。どなたでも自由に参加できますので、棚田の保全活動に是非御協力をお願いします。春には梅・桜、夏にはささゆり・やまゆり・ゆうすげ、秋には彼岸花等色々な花も楽しめます。

浜松市北区引佐町久留女木地区からのメッセージ

久留女木棚田の会会長
入谷重徳 氏

久留女木の棚田は、日当たりの良い山間の斜面に位置し、観音山からこんこんと湧き出る水を利用して、耕作を行っています。ほとんどが手作業で行っており、大変な仕事ですが、先祖からの財産なので、大切に作っています。農業が好きで米づくりを体験してみたい方、一度久留女木の棚田を訪れてみませんか。

浜松市天竜区大栗安地区からのメッセージ

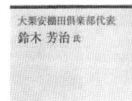

大栗安棚田倶楽部代表
鈴木芳治 氏

大栗安の棚田は、浜松市の北、天竜区の山中に残る小さな棚田です。農家も高齢化し、休耕地も増える傾向にあります。天水も少なく、猪などの外敵も多く、耕作条件が悪く大変苦労していますが、この原風景を残したく、可能な限り保全できるよう皆で協働しています。田植え・稲刈りなど機械化が難しい棚田の仕事は人海戦術が一番!!ボランティア大歓迎いたします。また、夏の草取りや畔の修繕なども協力いただけると大変助かります。

棚田ってなぜ必要なの?　棚田にはいろいろな機能があります。　　食料を生産する　　国土を保全する　　生態系を保全する　　心やすらぐ景観　　歴史・伝統・文化の継承

サポーター会員募集!

しずおか 棚田・里地 くらぶ

お問合わせ・申込先
右の用紙にご記入の上、下記申し込み先へ
ハガキ、FAXまたはメールでお申し込みください。

〒420-8601
静岡県静岡市葵区追手町9-6
静岡県建設部農地局農地計画室
TEL.054-221-2715 FAX.054-221-2449
E-mail noukei@pref.shizuoka.lg.jp

しずおか棚田・里地くらぶ 申込書

「しずおか棚田・里地くらぶ」に入会を申し込みます。

平成　　年　　月　　日

(家族・個人　または　法人・団体)
いずれかに○印をつけてください。

ふりがな

氏名　　　　　　　　　　　　　　　年齢

〒
住所

電話番号　　　　　　　　　FAX

Eメール

付録2

一社一村しずおか運動

「一社一村しずおか運動」とは、農村と企業等の要望を結び、双方の得意分野や特色ある地域資源（ヒト、モノ、専門知識、技術、情報、ネットワーク）を活用し、協働により都市と農村の交流による地域の活性化を促進することを目的とした運動です。
　農村と企業や団体が対等なパートナーシップを組み、双方が継続的にメリットを享受することを基本としています。

アストラゼネカ株式会社	石部地区・上倉沢地区・大栗安地区との棚田保全活動	**株式会社ポッカコーポレーション**	敷地村ふるさと交流倶楽部との里山保全活動
	アストラゼネカ株式会社と石部地区棚田保全推進委員会（松崎町）・上倉沢棚田保全推進委員会（菊川市）・大栗安棚田倶楽部（浜松市）の3地区は、棚田の草刈り等の農作業を実施するとともに、今回の協定を契機に作られた高齢者の健康づくりのための体操の指導や地元住民との交流会を実施しています。		株式会社ポッカコーポレーションと敷地村ふるさと交流倶楽部（磐田市）は、里山の間伐やつる切り等の環境保全活動に取組んでいます。ポッカコーポレーションでは社員の啓発の場と新入社員の研修の一環としてこの活動を行っており、地域と協働で取組むことで環境保全の大切さと必要性を学んでいます。
株式会社フジヤマ	下阿多古地域の農業を考える会との大豆・菜の花栽培	**静岡大学農学部**	静岡市葵区梅ヶ島大代地区との環境保全活動
	株式会社フジヤマと下阿多古地域の農業を考える会（浜松市）は、耕作放棄田を活用した大豆栽培や菜の花栽培に取組んでいます。また、「菜の花まつり」の開催など、農業体験を通した、都市と農村の交流による地域の活性化にも積極的に取組んでいます。		静岡大学農学部と静岡市葵区梅ヶ島大代地区は、茶園管理や農作業などを通して里山の環境保全活動に取組んでいます。静岡大学ではこの活動を通した「環境リーダー」の育成を目指す3年間の農村環境教育プロジェクトとして位置づけています。
富士錦酒造株式会社・株式会社平喜・松崎小売酒販組合	松崎町石部地区との棚田保全活動	**富士常葉大学環境防災学部**	松崎町石部地区との棚田保全活動
	酒造メーカー3社と石部地区棚田保全推進委員会（松崎町）は、棚田の黒米を使った焼酎「百笑一喜」の売り上げの一部を棚田保全活動に寄付する活動に取組んでいます。「百笑一喜」は売れ行きが好調で、地域ブランド商品として期待が高まっています。		富士常葉大学環境防災学部と石部地区棚田保全推進委員会（松崎町）は、棚田の畔づくりや草刈り等日常の管理活動に取組んでいます。日常の管理は重労働が多く、高齢化が進む地元だけでは維持が難しくなってきており、学生たちによるボランティア活動は大変貴重な活動となっています。
居酒屋「競機はん兵衛」	松崎町石部地区との棚田保全活動	**株式会社遠鉄トラベル**	NPO法人 大好き渋川との里山保全、農作業、地域貢献活動等
	静岡市内の居酒屋店舗が、棚田米を使ったメニューや焼酎「百笑一喜」を店内で提供し、売上の一部を棚田保全活動の運営資金に寄付するとともに、店内で棚田保全について情報発信する取り組みを行っています。		株式会社遠鉄トラベルとNPO法人大好き渋川（浜松市北区引佐町）は、渋川地区の交流体験施設「てんてんゴー渋川」を拠点に、間伐材の活用を通じた里山保全や地域の祭りへの協力などの活動を行っています。今後は農作業支援も含めた交流の活発化により、地域の活性化が期待されます。

付録3
君も　タナダーになろう

棚田（たなだ）って知ってる？　山のほうに行くと大きな階段みたいな田んぼでお米を作っているんだ。この段々の田んぼのことを棚田っていうんだよ。棚田はお米を作るほかにも、見て楽しんだり、都会にはいない植物や生き物を見つけることができるんだ。

君も棚田を愛するタナダーに変身して、楽しい思い出を作りに出かけよう。

さあ、タナダーに変身だ！！

タナダーになるにはどうすればいいの？　・・・　棚田の自然や風景を愛する人なら誰でもタナダーになれるよ。

情報を集めよう！・・・棚田では、さまざまな体験活動やイベントが開催されているから、ホームページなどで、いつ、どこで、どんな体験ができるのか調べてね。

タナダー春号の装備

タナダー春号は、田んぼの水やドロに強いから、水をはった田んぼの中を移動して、稲の苗を田んぼに植えたり、田んぼの中や水路の生き物を発見することができるんだ。

帽子

半そで（軍手などは不要）

半ズボン
水着でも
OK

長ぐつはドロにはまって抜けなくなるから裸足でいいけど、いらない靴下をはく方法もある。

農家の人は、田ぐつという田植え用のくつをはいているぞ。

ドロが付くので着替え

手足を洗うときのサンダルやタオル

生き物を観察する入れ物

雨がふりそうなときはカッパを持って行こう。

こんなことにも気をつけよう

棚田の近くには自動販売機やコンビニはないよ。お弁当や水筒は持って行こう、トイレは済ませてから。

農家の人に元気にあいさつしよう。

田んぼのあぜはくずさないように気をつけて歩こう。

タナダー秋号の装備

タナダー秋号は、稲が育った田んぼに入って、稲をかりとったり、田んぼにいる生き物を追跡することができるんだ。あぜの上では小さな草花を観察することにもチャレンジしてみよう。

平地より涼しいこともあるので上着

帽子

ちくちくしたイネの葉からはだを守る長袖

タオルで首を虫やチリから守ろう

持っている人は鎌

軍手などの手袋

虫取り網など

長ズボン

長ぐつ

家に帰ったら、家族とも田んぼでのできごとをお話しようね。
写真をとったり、絵日記を書いたりして思い出をとっておこう。

（企画　大石智広、イラスト　山本さとこ）

〈執筆者一覧（五十音順）〉

浅田藤二　（伊豆市湯ヶ島長野）
稲垣栄洋　（静岡県農林技術研究所　環境水田プロジェクト）
大石智広　（静岡県農林技術研究所　環境水田プロジェクト）
大村和男　（元静岡市立登呂博物館学芸員）
小野寺秀和（竜ヶ岩洞支配人）
栗田英治　（（独）農研機構　農村工学研究所　景域整備研究室）
静岡県立大学経営情報学部　岩崎ゼミナール
静岡産業大学情報学部　中村ゼミ
静岡大学農学部　生態学研究室
下田路子　（富士常葉大学　環境防災学部教授）
杉山惠一　（富士常葉大学　保育学部教授・しずおか棚田・里地くらぶ
　　　　　会長）
鈴木美喜夫（二科会写真部静岡支部）
清　信一　（富士錦酒造株式会社　代表取締役）
高橋智紀　（静岡県農林技術研究所　環境水田プロジェクト）
東海大学海洋学部　水棲環境研究会
中井弘和　（静岡大学名誉教授・清沢塾代表）
中村羊一郎（静岡産業大学　情報学部教授）
入谷重徳　（久留女木棚田の会代表）
外立ますみ（静岡産業大学非常勤講師・トーリ工房代表）
平井　梢　（静岡県建設部　農地計画室事業調整スタッフ）
平野斗紀子（静岡新聞社）
富士常葉大学環境防災学部　下田研究室
松野和夫　（静岡県農林技術研究所　環境水田プロジェクト）
山本　哲　（上倉沢棚田保全推進委員会代表）
山本徳司　（（独）農研機構　農村工学研究所　景域整備研究室長）

〈写真提供〉
孝森まさひで、根岸春菜、久野公啓、川邊透(口絵1)、鈴木美喜夫(口絵2)、上倉沢棚田保全推進委員会、清久敬子(口絵3)

〈イラスト〉
山本さとこ、株式会社ウェブサクセス

静岡の棚田研究
～その恵みと営み～
*
2009年5月30日　初版発行
編著者／静岡県農林技術研究所
発行者／松井　純
発行所／静岡新聞社
〒422-8033　静岡市駿河区登呂3-1-1
電話：054-284-1666
印刷・製本／図書印刷
ISBN978-4-0546-5 C0061